江苏高校品牌专业建设工程二期项目（三批）
扬州大学本科专业品牌化建设与提升工程资助项目
扬州大学出版基金资助

赵志靖　周静　吕辰　编著

面向插件的 PowerPoint 演示文稿制作实例教程

江苏大学出版社
JIANGSU UNIVERSITY PRESS

镇 江

图书在版编目(CIP)数据

面向插件的 PowerPoint 演示文稿制作实例教程 / 赵
志靖,周静,吕辰编著. — 镇江：江苏大学出版社,
2022.5

ISBN 978-7-5684-1793-8

Ⅰ.①面… Ⅱ.①赵… ②周… ③吕… Ⅲ.①图形软
件—教材 Ⅳ.①TP391.412

中国版本图书馆 CIP 数据核字(2022)第 044749 号

面向插件的 PowerPoint 演示文稿制作实例教程
Mianxiang Chajian de PowerPoint Yanshi Wengao Zhizuo Shili Jiaocheng

编　　著/赵志靖　周静　吕辰
责任编辑/李菊萍
出版发行/江苏大学出版社
地　　址/江苏省镇江市梦溪园巷 30 号(邮编：212003)
电　　话/0511-84446464(传真)
网　　址/http://press.ujs.edu.cn
排　　版/镇江市江东印刷有限责任公司
印　　刷/江苏凤凰数码印务有限公司
开　　本/787 mm×1 092 mm　1/16
印　　张/12
字　　数/263 千字
版　　次/2022 年 5 月第 1 版
印　　次/2022 年 5 月第 1 次印刷
书　　号/ISBN 978-7-5684-1793-8
定　　价/50.00 元

如有印装质量问题请与本社营销部联系(电话：0511-84440882)

前　言

制作 PPT（PowerPoint）是大多数职场人士必备的基本工作技能。工作中，人们常用 PPT 进行演讲、汇报、项目招标、教学等，它是容易打动和说服他人的可视化工具。事实上，很多人在做 PPT 时会感到困难，比如找不到合适的素材、不懂得如何排版和配色、艺术感不强，或者只会做简单的演示型 PPT 而不会做交互性 PPT 等。鉴于此，本书通过介绍 PPT 插件的使用来提高用户演示文稿的制作水平，以达到有效提升信息沟通效率的目的，也帮助人们更高效地制作优质 PPT。

PPT 插件是内嵌于 PowerPoint 软件的功能性插件，它在 PPT 原有功能的基础上简化了用户的操作，并提供丰富的 PPT 制作素材，极大地提高了用户的工作效率。

本书注重理论知识与实际应用的结合，以丰富的案例制作为主线，深入浅出地讲解使用 PPT 插件进行演示文稿制作的各种知识和技巧。全书共分为 10 个单元，分别介绍了 10 款易上手的 PPT 插件，读者可根据自己的实际需要有选择性地下载、安装与使用。

（1）ScienceSlides——PPT 科研绘图。它包含了大量与生物学、药学、医学等相关的矢量图像素材，用户在做 PPT 时可以直接通过工具条插入并使用这些素材。另外，还可将其导出生成图片，用于论文写作。

（2）iSpring——交互式课件制作。它是用于 PowerPoint 软件的完整的电子学习创作工具包，利用它用户可以轻松地在 PPT 演示文稿中加入声音、视频、测试题等，用于和对象间的交互，还可以开发高质量的课程、视频讲座等。

（3）Office Mix——会说话的 PPT。它是一款集录制在线视频、音频，制作交互式 PPT 功能于一身的操作简便的 PPT 插件。在制作幻灯片时，用户可以根据需要加入自己的个性化音频和视频，从而让 PPT 更有吸引力。

（4）OneKeyTools——PPT 平面设计。它是针对 PowerPoint 软件的平面设计插件，专门为 PPT 图形修改而设计，能帮助用户更便捷地对图片进行处理，如批量修改图片。

（5）think-cell——PPT 数据图表制作。它可以用来展示数据和图表之间的关系，支持几乎所有的常用图表类型。它不仅可以在 PPT 中生成图表，也可以将 Excel 中的图表插入 PPT 中。

（6）ThreeD——PPT 三维作图。它可以辅助用户在 PPT 中进行三维图形设计，主要用于解决 PPT 中 3D 参数计算复杂、设置烦琐、缺少批量操作等痛点，能够极大地发挥 PPT 的 3D 作图功能，可以呈现出媲美大型 3D 软件的制图效果。

（7）Office Timeline——PPT 时间轴插件。它可以帮助用户在 PPT 中创建时间轴，也可以对时间轴模板上的内容进行修改，让观看者更直观地了解每个时间点发生的事情。

（8）PPT 美化大师——化丑为美。它是一个包含丰富素材的在线资源库，可根据用户规划和设置的风格快速生成专业化的 PPT 文档，这些文档根据实际需要稍加编辑即可使用。

（9）小顽简报——专注设计效率。它可以简化做 PPT 时实现某些效果的操作步骤，提高工作效率。

（10）iSlide——让 PPT 设计简单起来。它能满足用户在 PPT 设计上的多种需求，无论是查找模板、图片、图标素材，还是设计配色、页面布局、智能优化，都可以协助用户更高效地创建专业化的幻灯片文档。

需要提醒读者的是，PPT 插件虽然方便、快捷，能够帮助大家提高工作效率，但若在 PowerPoint 中加入过多的插件，会拖慢 PowerPoint 的运行速度，甚至会产生插件之间的冲突，所以选择适合自己的插件才是正确的。

为了使读者更好地掌握书中内容，编者专门建立了本书的配套学习资料网盘链接：https：//pan. baidu. com/s/1PNPe1h4FDFAdOqF0BxjZSg（提取码：pust）。网盘中不仅有书中所有案例的完整 PPT 文件供读者下载使用，而且有案例制作视频教程，还有书中所使用的 PPT 插件及素材资源等，方便读者对照学习。

本书既可作为普通高等院校，中、高等职业技术院校，以及各类计算机教育培训机构的教材，也可作为广大初、中级电脑爱好者，各行各业专业工作人员自学的学材。

本书由赵志靖、周静、吕辰编著。在成书过程中，谢仁忆、顾思苇、宋晓青、乐健佳、乔璐、秦安格、赵雨、谢蒙蒙、李新惠、杨云帆、张晶雪给予了很多帮助，在此表示衷心的感谢。另外，感谢扬州大学、江苏大学出版社给予的大力支持。

由于编者水平有限，虽精益求精，但疏漏之处在所难免，敬请广大读者批评指正。如在学习过程中遇到困难或有更好的建议，请发邮件到 zhaojsj@ 163. com 邮箱，我们将竭尽所能给予解答。

编　者

目　录

第一单元

ScienceSlides

一、简介

　　ScienceSlides 是基于 PowerPoint 软件的一款插件，它含有上千个与生物学、医学等相关的素材，包括常见形状、生物学、生物化学、药理学、实验方法、信号通路、分子病理学七大部分，每部分又有很多细分。安装该插件后，在制作 PPT 时可以直接通过工具条插入并使用这些素材，从而免去到处找素材和切换软件复制粘贴的麻烦，并且插件中的素材都是可编辑的，可大大提高作图效率。图 1.1 所示为 ScienceSlides 的官网界面。

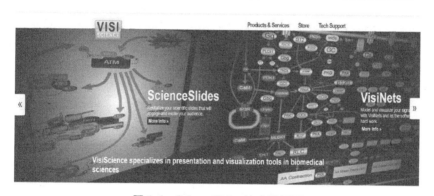

图 1.1　ScienceSlides 的官网界面

二、下载与安装

　　（1）ScienceSlides 的官网地址为 https：//www. visiscience. com。这里以 Science Slides 2016（64 位）为例进行安装说明，如图 1.2 所示。

图 1.2　选择版本 Science Slides 2016（64 位）

（2）双击安装包进行安装，在欢迎界面单击"Next"按钮，如图 1.3 所示。

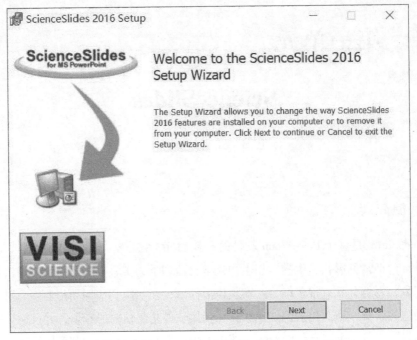

图 1.3　单击"Next"按钮

（3）勾选"I accept the terms in the License Agreement"复选框，单击"Next"按钮，如图 1.4 所示。

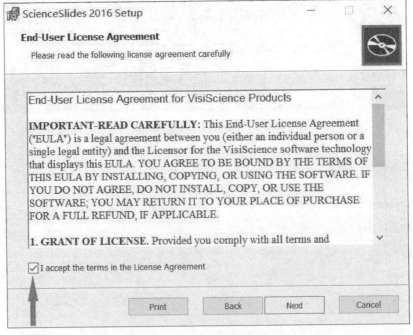

图 1.4　勾选"同意"复选框

（4）填写用户名、单位、序列号后，单击"Next"按钮，如图 1.5 所示。

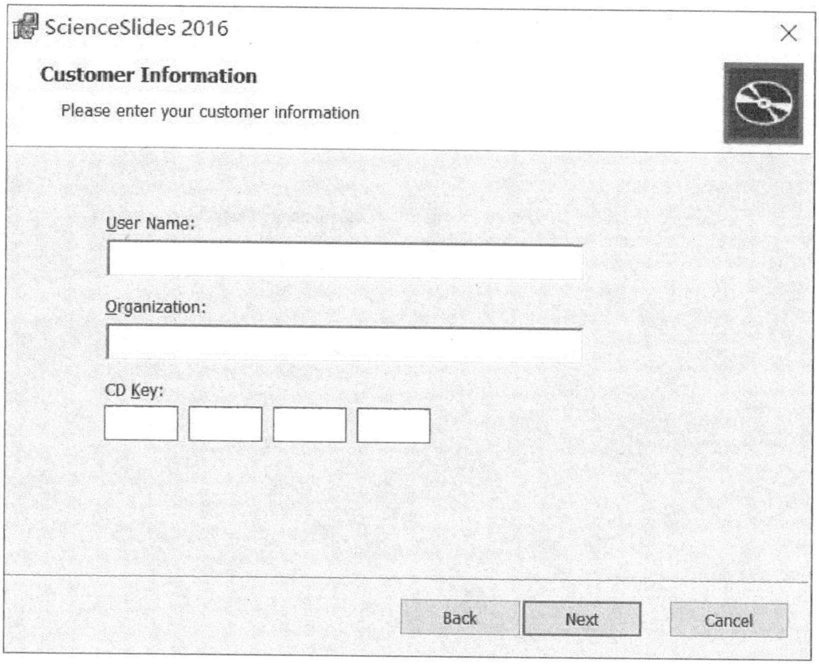

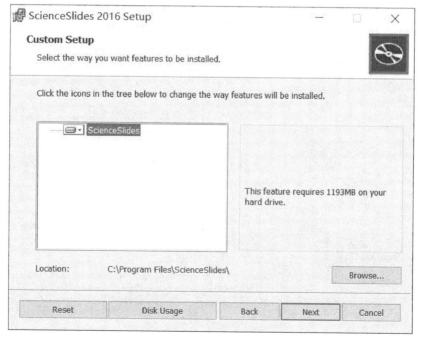

图 1.5　填写用户名、单位、序列号

（5）选择安装路径，这里选择默认路径，单击"Next"按钮，如图 1.6 所示。

图 1.6　选择安装路径

(6) 单击"Install"按钮进行安装，如图 1.7 所示。

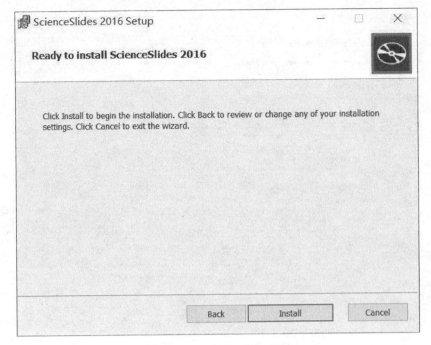

图 1.7　单击"Install"按钮

(7) 安装成功后，单击"Finish"按钮，如图 1.8 所示。

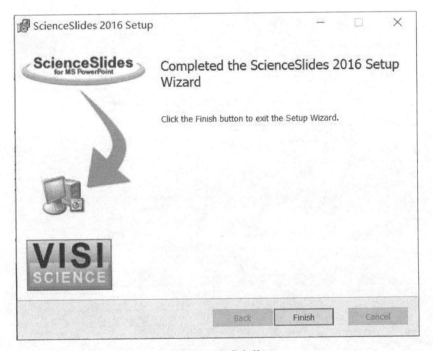

图 1.8　完成安装

（8）打开 PPT 软件，单击页面顶部菜单栏中的"加载项"，如图 1.9 所示。

图 1.9　单击"加载项"

若页面顶端菜单栏中没有出现"加载项"，则按如下步骤操作：

① 单击页面左上方的"文件"，在弹出的窗口中单击"选项"，如图 1.10 所示。

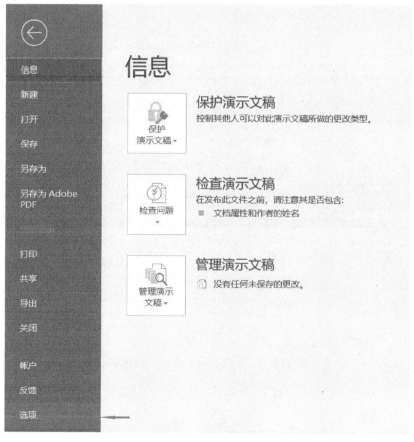

图 1.10　单击"选项"

② 弹出"PowerPoint 选项"窗口后，单击"加载项"→"转到（G)..."→"确定"，如图 1.11 所示。

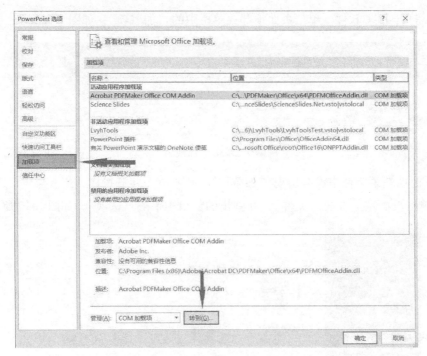

图 1.11 转到"加载项"

③ 勾选"Science Slides"复选框，单击"确定"按钮，如图 1.12 所示。

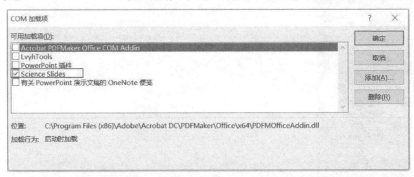

图 1.12 勾选"Science Slides"复选框

④ 打开 PowerPoint 界面，此时菜单栏会出现"加载项"，单击并选择"Browse Slides"即可打开插件，如图 1.13 所示。

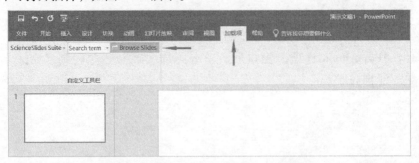

图 1.13 单击"Browse Slides"打开插件

（9）首次打开 ScienceSlides 插件需要激活，单击"Activate Now!"按钮立即激活，如图 1.14 所示。这样，ScienceSlides 插件就可以使用了。

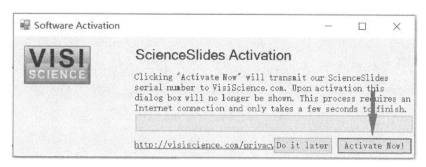

图 1.14　激活插件

三、案例制作

在化学课程教学中，会经常遇到分子结构，如果在 PPT 中直接绘制分子结构会比较烦琐，若借用 ScienceSlides 插件进行绘制，则很快就可以完成。本节通过三个案例的制作具体展示 ScienceSlides 插件的使用方法。

（一）案例：可可分子结构

1. 效果展示

可可分子结构案例的制作效果如图 1.15 所示。

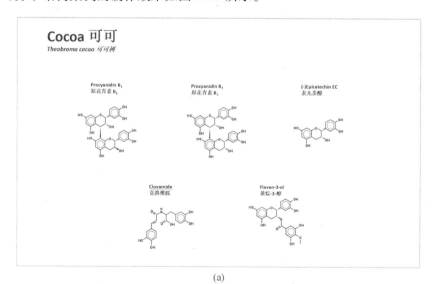

(a)

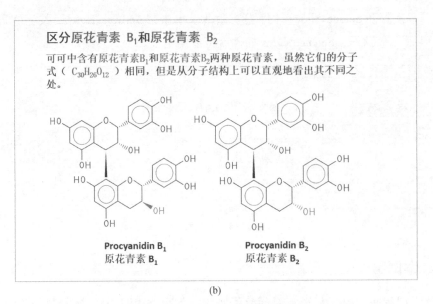

(b)

图 1.15   可可分子结构案例效果展示

2. 制作步骤

（1）打开插件。在 PPT 菜单栏中单击"加载项"→"Browse Slides"即可打开插件，如图 1.16 所示。

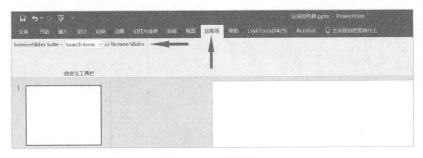

图 1.16   打开插件

（2）在 PPT 中插入可可成分图形。选择"Biology"→"Botany"→"Biologically active compounds from plants"→"Compounds by plant species"→"Cocoa"，单击"Insert into Presentation"按钮，即可将所选图形插入 PPT 中，如图 1.17 所示。

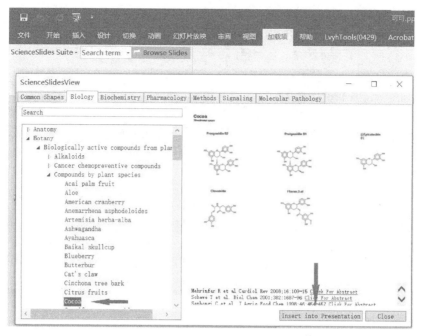

图 1.17　在 PPT 中插入可可成分图形

（3）添加文字介绍。调整所插入图形的位置，并添加对应分子式的名称，效果如图 1.18 所示。

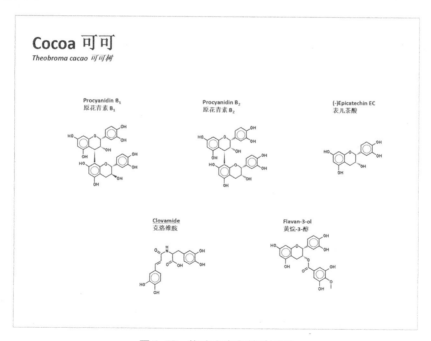

图 1.18　修改文字和缩放图形

（4）编辑图形。选中分子结构，单击"格式"→"形状轮廓"，再选择所需颜色即可对该分子结构进行颜色标注，如图 1.19 所示。

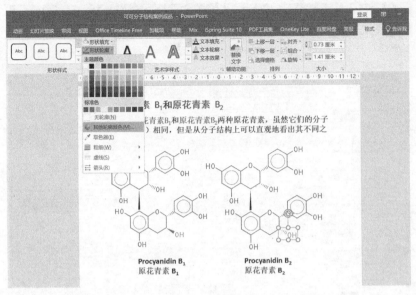

图 1.19　编辑图形

（5）ScienceSlides 插件中的元素都是有科学依据的，如果想要了解更多有关插入图形的知识，可以单击页面方框中的"Click For Abstract"链接阅读相关资料，如图 1.20 所示。

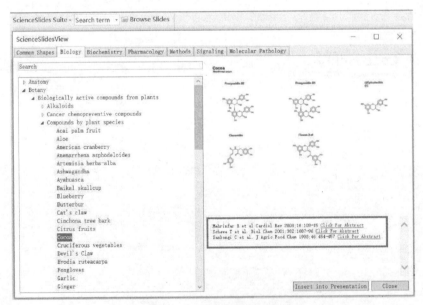

图 1.20　单击链接阅读相关资料

（二）案例：认识染色体

1. 效果展示

认识染色体案例的制作效果如图 1.21 所示。

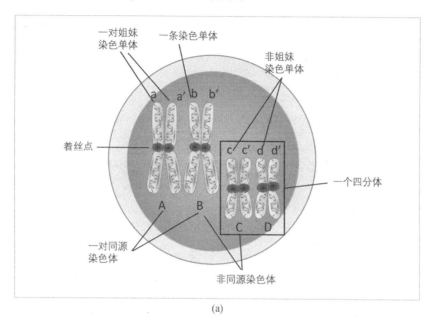

(a)

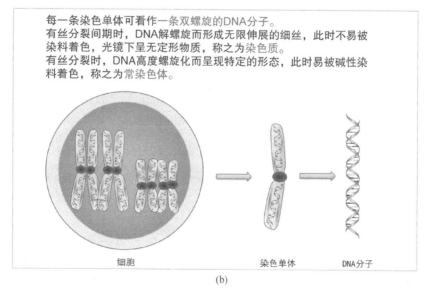

(b)

图 1.21　认识染色体案例效果展示

2. 制作步骤

（1）打开插件。在 PPT 菜单栏中单击"加载项"→"Browse Slides"即可打开插件，如图 1.22 所示。

图 1.22　打开插件

（2）选择"Biology"→"Cytology"→"Cells"→"Meiosis – Simplified"，单击"Insert into Presentation"按钮，即可将所选图形插入 PPT 中，如图 1.23 所示。

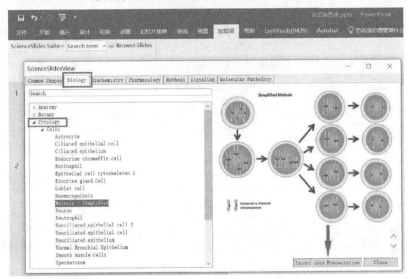

图 1.23　在 PPT 中插入细胞图形

（3）选择图 1.24 所示的细胞图形，将其复制到空白页面。

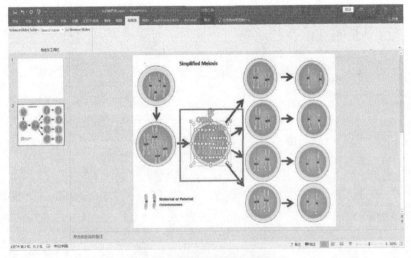

图 1.24　选择并复制细胞图形

（4）调整细胞图形大小，对其进行标记，效果如图 1.25 所示。

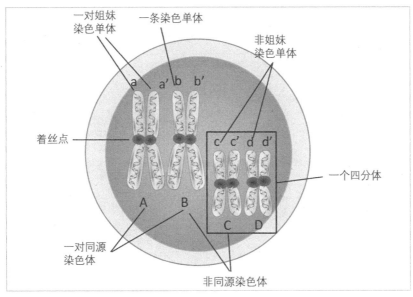

图 1.25　编辑细胞图形

（5）如果想要单独介绍一条染色单体，可以选中细胞图形，右击取消组合，如图 1.26 所示。取消组合后，选中一条染色单体，再选中染色单体中的 DNA 分子，如图 1.27 所示。

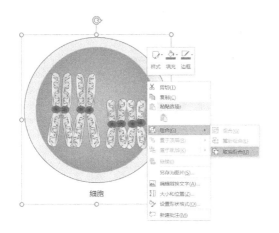

图 1.26　取消组合

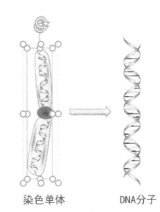

图 1.27　选择染色单体中的 DNA 分子

（6）对图形添加文字说明，即可制作出想要的案例效果（见图 1.21）。

（三）案例：细胞核是遗传信息的中心

1. 效果展示

小鼠细胞核移植实验的制作效果如图 1.28 所示。

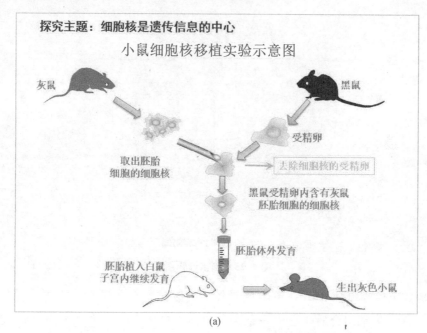

(a)

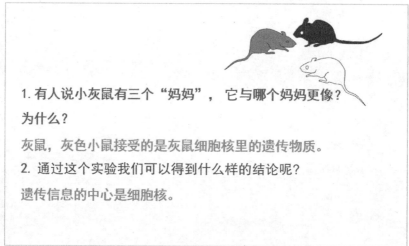

(b)

图 1.28　小鼠细胞核移植实验效果展示

2. 制作步骤

（1）打开插件。在 PPT 菜单栏中单击"加载项"→"Browse Slides"即可打开插件，如图 1.29 所示。

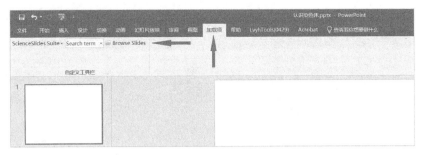

图 1.29 打开插件

（2）插入小鼠图形。单击"Common Shapes"→"Animals"→"Animal shapes Ⅱ"，选择适合的小鼠图形插入 PPT 中，如图 1.30 所示。

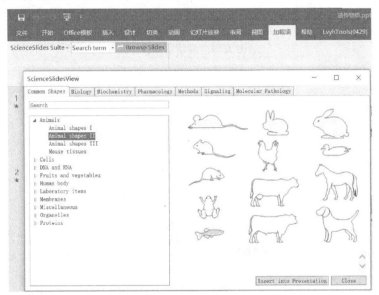

图 1.30 插入小鼠图形

（3）编辑小鼠图形。选中小鼠图形，单击"格式"→"形状填充"，选择想要填充的颜色就可以改变小鼠颜色，如图 1.31 所示；选中小鼠图形，按住【Shift】键，单击并拖动鼠标即可等比例调整小鼠大小，如图 1.32 所示。因为 ScienceSlides 里的图形都是矢量图形，所以缩放后不会改变其清晰度。

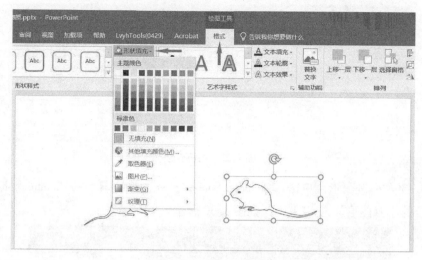

图 1.31 编辑小鼠图形

图 1.32 调整后的小鼠大小

（4）添加注射针头图形。单击 "Common Shapes" → "Laboratory items" → "A Needle Tip Toolkit"，如图 1.33 所示，选择一个注射针头图形，单击 "Insert into Presentation" 将所选图形插入 PPT 中并调整大小。

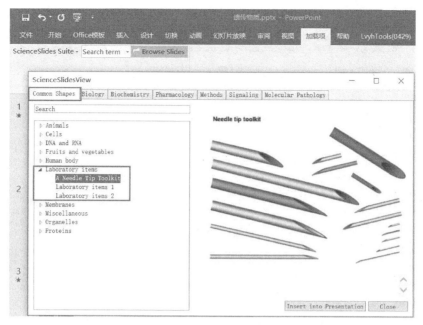

图 1.33　添加注射针头图形

（5）添加离心管图形。单击"Common Shapes"→"Laboratory items"→"Laboratory i-tems 1"，如图 1.34 所示，选择一个离心管图形，单击"Insert into Presentation"将所选图形插入 PPT 中并调整大小。

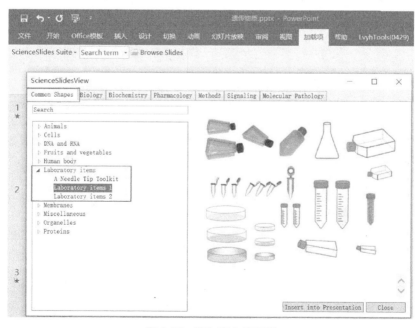

图 1.34　添加离心管图形

（6）添加细胞、细胞核图形。单击"Common Shapes"→"Cells"→"A Cell Toolkit 2"，如图 1.35 所示，选择合适的细胞、细胞核图形，单击"Insert into Presentation"将

其插入 PPT 中并调整大小。

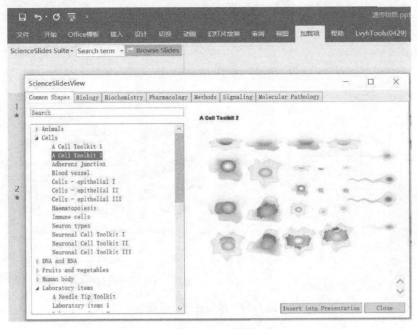

图 1.35　添加细胞、细胞核图形

（7）编辑细胞、细胞核图形。选中一个细胞图形右击，在弹出的快捷菜单中选择"组合"→"取消组合"，如图 1.36 所示。选中细胞核图形后，按住鼠标左键即可拖拽提取细胞核图形，如图 1.37 所示。将提取的细胞核图形放在针头图形上，如图 1.38所示。

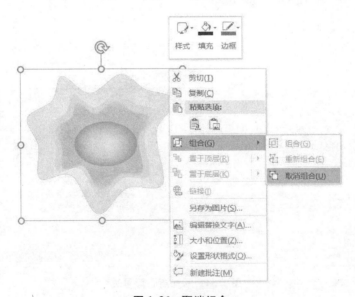

图 1.36　取消组合

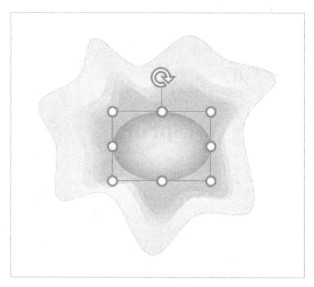

图 1.37　提取细胞核图形

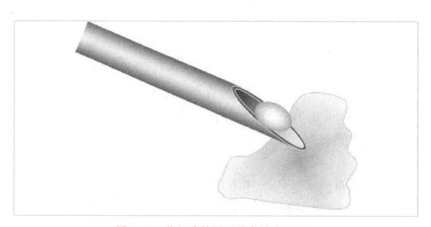

图 1.38　将细胞核图形放在针头图形上

（8）按照小鼠细胞核移植实验要求对所有素材进行一定的调整，如改变它们的位置、大小、颜色等，使页面图形布局符合实验要求。另外，根据需要在图形旁添加相关文字，即可得到图 1.28 所示的效果。

第二单元

iSpring

一、简介

iSpring 是 PowerPoint 软件的增强插件，是一款用于 PPT 的电子学习创作工具包。它拥有简洁大方、易于操作的用户界面，能帮助用户轻松地将 PPT 文档转换为对 Web 友好的 HTML5 格式视频和便于网络分发的 Video 格式视频，转换的同时会保留原有文档的可视化与动画效果。iSpring 插件旨在使演示文稿更具互动性和吸引力，其特色如下。

1. 使电子学习快速简便

利用 iSpring 插件开发的 HTML5 和 Video 格式的优质课程、视频讲座等，可在任意笔记本电脑和移动平台使用，使学习更加便捷。

2. 建立互动评估

使用 iSpring 插件可创建交互式评估。交互式问题类型包括单选、多选、判断正误、问答、排序、匹配、填空、选词填空、词汇拖拽、图形拖拽、李克特量表、简述等。

3. 开发聊天功能

使用 iSpring 插件内置的资源库，可创建机场、银行、办公室、医院、教室、仓库等场景下的虚拟人物，通过评估来开发逼真的模拟对话，以达到提升团队沟通技能等目的。

4. 录制屏幕和教学视频

在 iSpring 中无须使用第三方工具，可根据实际需要使用内置工具捕获全部或部分屏幕录制前置视频，并将视频粘贴到幻灯片上，或将其用作独立的教学材料。

二、下载与安装

（1）iSpring 的官网地址为 https：// www. ispringsolutions. com，官网界面如图 2.1 所示。

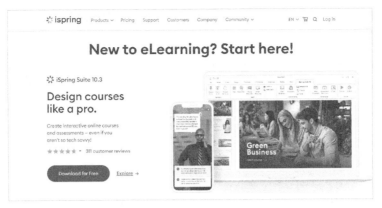

图 2.1　iSpring 官网界面

（2）单击界面中的"Download for Free"下载安装包，如图 2.2 所示。

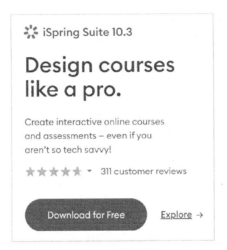

图 2.2　下载安装包

（3）双击安装包进行安装。首先阅读并勾选同意安装协议，然后单击"Install"按钮继续安装，如图 2.3 所示。

图 2.3　同意安装协议

（4）在安装界面选择安装路径，再单击"Install"按钮继续安装，如图 2.4 所示。

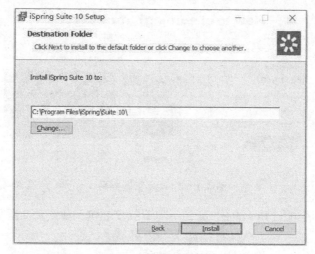

图 2.4　选择安装路径

（5）安装完成后，运行 PowerPoint 即可在菜单栏中看到"iSpring Suite 10"选项，如图 2.5 所示。

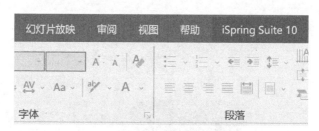

图 2.5　安装完成

三、运用 iSpring 制作交互式 PPT

下面以中国汉语水平考试（HSK）标准教程五（上）第一单元第一课为例，制作对外汉语教学课件。

（一）词语例释

1. 效果展示

词语例释的制作效果如图 2.6 所示。

(a)

(b)

图 2.6　词语例释效果展示

2. 制作步骤

（1）首先在 PPT 中输入"如何"一词的例释，效果如图 2.6 所示，再使用菜单栏中"iSpring Suite 10"选项下的"Quiz"功能制作练习题，如图 2.7 所示。

图 2.7　选择"Quiz"功能

（2）选择"Quiz"功能后，单击"Graded Quiz"新建一个交互项目，如图 2.8 所示。

图 2.8　添加交互项目

（3）添加完交互项目后，即可得到图 2.9 所示界面。"Form View" 即窗体视图，用于编辑具体题目内容；"Slide View" 即幻灯片视图，用于调整具体题目及整体幻灯片的格式。这里选择 "Form View" 编辑题目。

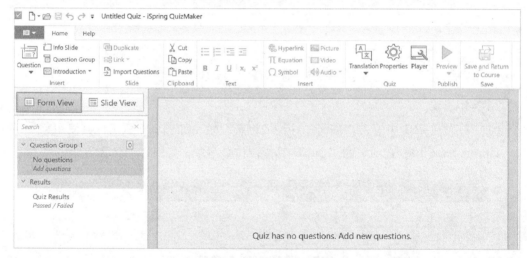

图 2.9　选择编辑题目页面

（4）单击 "Question" 功能按钮，在下拉子菜单中选择问题类型，此处选择 "填空题"，即 "Fill in the Blanks"，如图 2.10 所示。

图 2.10　选择"填空题"

（5）输入问题后单击问题框，再单击"Format"选项调整问题框样式，页面右边有"选择问题类型（Question type）""是否触发反馈（Feedback）"及"限制答题次数（Attempts）"等功能，如图 2.11 所示。

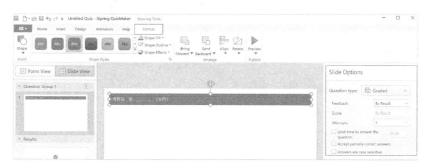

图 2.11　调整问题框样式

（6）单击"Form View"→"Results"，选择回答完问题后是否展示结果，如图 2.12 所示。

图 2.12　选择是否显示结果

（7）全部设置完成后，单击"Save and Return to Course Save"保存并返回 PPT 页面，如图 2.13 所示。其他的词语例释制作则参照以上操作。

图 2.13　保存并返回 PPT 页面

（二）词语辨析——测验

1. 效果展示

词语辨析的制作效果如图 2.14 所示。

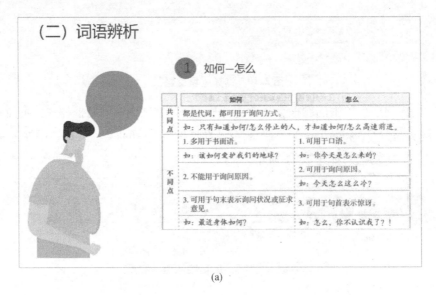

(a)

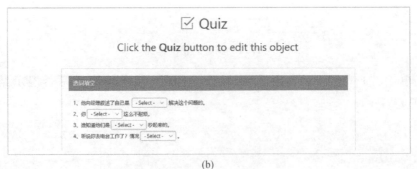

(b)

图 2.14　词语辨析效果展示

2. 制作步骤

（1）先将知识点输入 PPT 中，再利用"Quiz"功能制作题目，这里选择"选词填空"，即"Select from Lists"，如图 2.15 所示。

图 2.15　选择"选词填空"

（2）在"Select from Lists Question"中输入标题，在"Text with Blanks"中输入具体问题，并在题目填空的地方单击"Insert Blank"按钮插入选词模块，如图 2.16 所示。

图 2.16　"选词填空"输入问题

（3）单击选词模块下拉列表，勾选正确答案前面的圆形按钮，系统会随机排列选项顺序。页面右边可设置答题次数或限制做题时间，如图 2.17 所示。

图 2.17 "选词填空"设置

（4）全部设置完成后，单击"Save and Return to Course Save"保存并返回 PPT 页面，如图 2.18 所示。

图 2.18 保存并返回 PPT 页面

（三）词语辨析——模拟对话

1. 效果展示

模拟对话的制作效果如图 2.19 所示。

图 2.19 模拟对话效果展示

2. 制作步骤

（1）单击"iSpring Suite 10"选项下的"Dialog Simulation"功能按钮，如图 2.20 所示。

图 2.20 选择模拟对话功能

（2）在弹出的模拟对话设置界面选择创建模拟对话或浏览最近的模拟对话，此处选择新建模拟对话，如图 2.21 所示。

图 2.21 新建模拟对话

（3）在图 2.22 所示的 "CHARACTER" 和 "BACKGROUND" 里分别选择适合的人物及对话背景，也可自行上传本地图片；可选择的人物表情由高兴到生气分为 5 个层次。创建好场景后，单击页面左上角的 "New Scene" 按钮弹出新场景，双击场景标签可修改场景细节。

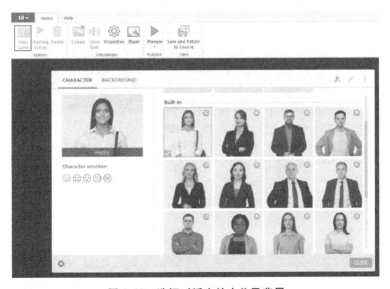

图 2.22 选择对话中的人物及背景

（4）在 "CONTENT" 中设置对话内容；在 "Reply options" 中输入一个或多个回答，并根据每个回答直接链接出这个回答触发的下一个场景，如图 2.23 所示。单击页面下方的小红旗标志（▶）可设置起始场景。

图 2.23　设置对话内容

（5）对于不同场景，可以通过拖拽链接标志按钮将其链接在一起，如图 2.24 所示。

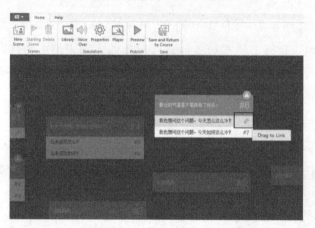

图 2.24　链接场景

（6）全部设置完成后，单击"Save and Return to Course Save"保存并返回 PPT 页面，如图 2.25 所示。

图 2.25　保存并返回 PPT 页面

（四）练习与应用

1. 效果展示

练习题的制作效果如图 2.26 至图 2.28 所示。

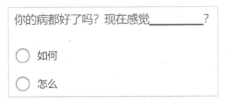

图 2.26　多项选择题效果展示

图 2.27　拖拽词块题效果展示

图 2.28　简答题效果展示

2. 制作步骤

（1）"练习与应用"的设置同样使用"Quiz"功能，可选题型种类很多，此部分会使用"多项选择题（Multiple Choice）""拖拽词块题（Drag the Words）""简答题（Essay）"三种题型，如图 2.29 所示。

图 2.29　可选题型

（2）首先单击"多项选择题"，再单击题组"Question Group 1"可修改题组名称，如图 2.30 所示。

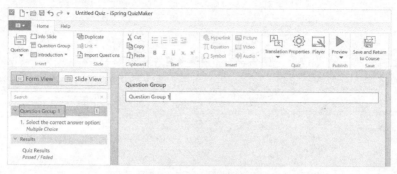

图 2.30　修改题组名称

（3）在"Multiple Choice Question"中输入题目，在"Choices"中输入两个或两个以上选项并标记正确答案，如图 2.31 所示。

图 2.31　标记正确答案

（4）设置"多项选择题"题组，如图 2.32 所示。

图 2.32　设置"多项选择题"题组

（5）新建"拖拽词块题"题组。在页面上方一栏输入标题，在中间一栏输入句子并将预设要拖拽来的字词填在空格里，在下方一栏添加更多可供选择的字词，如图 2.33 所示。

图 2.33 设置"拖拽词块题"题组

（6）新建"简答题"题组，将小作文的写作要求填进空白处，如图 2.34 所示。

图 2.34 设置"简答题"要求

（7）全部设置完成后，单击"Save and Return to Course Save"保存并返回 PPT 页面，如图 2.35 所示。

图 2.35 保存并返回 PPT 页面

（8）所有幻灯片制作完成后，单击页面右上角的"Publish"按钮进行发布，可选择 HTML5 或 Video 格式，如图 2.36 所示。

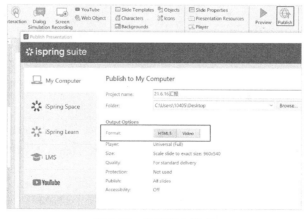

图 2.36 选择发布格式

第三单元

Office Mix

一、简介

Office Mix 是微软公司推出的一款面向教育行业的在线服务插件。它能用简单的方式将幻灯片制作成互动性的在线课程。Office Mix 提供视频录制功能，可实现单独的 PPT 录制，录制后的录音及画笔墨迹（可更改颜色）会保存在原始 PPT 课件页面。该插件的其他功能包括测验视频应用，屏幕录制，屏幕截取，插入视频和音频，视频和音频的预览、上传、导出、发布，等等。

二、下载与安装

在使用 Office Mix 前，需要确保已经安装 PowerPoint（Office 2016、Office 2019 不需要单独安装）。若想下载 Office Mix 插件，则可从网盘链接"https：// pan. baidu. com/s/ 1ypBO_ fyFtadTbvEm14fnGQ?pwd＝xyw3"（提取码：xyw3）获取该插件的安装包。安装包解压之后，右击选择"以管理员身份运行"即可安装。插件安装好之后，PowerPoint 菜单栏中会增加"Mix"选项卡，图 3. 1 为 Office Mix 插件安装之后的效果。

图 3. 1　"Mix"选项卡

三、利用 Office Mix 制作微课

下面以人教版高中信息技术必修 1《数据与计算》中的第一章第一节"感知数据"为例讲解如何利用 Office Mix 录制微课。这里只选取其中的一个知识点进行讲解，即知识与技能目标"理解数据的作用，了解数字与数据的关系"。

在录制微课之前需要提醒的是：利用 Office Mix 制作微课视频时，建议将幻灯片的页面设置成 16：9 的形式。本插件可以录制 PPT 页面和主讲人头像，用户可以自行决定主讲人是否出镜，以及头像的放置位置和呈现形式。若将 PPT 界面分成九等分，则主讲人头像最好处于位置 1 和位置 2 处，如图 3.2 所示，头像的呈现形式通常为方形或圆形。若设置头像呈现形式为方形，录制完成后头像就是方形；若设置头像呈现形式为圆形，则需要利用插件的相交功能对其进行更改。

图 3.2　页面状态

相交效果的制作步骤如下：

（1）利用 PPT 自带的插入功能插入一个圆形，另插入一张图片，将图片和圆形调整到所需尺寸，如图 3.3 和图 3.4 所示。

图 3.3　圆形

图 3.4　图片

（2）选中圆形，右击选择"设置形状格式"，如图 3.5 所示；根据自己的需要调整圆形的透明度，提高圆形透明度后的效果如图 3.6 所示，此时圆形看着像圆形框。

图 3.5　设置圆形格式

图 3.6　提高圆形透明度效果

（3）将透明圆形框移动到图片上，并使它们最大限度地重叠，如图 3.7 所示。同时选中圆形框和图片，单击菜单栏中的"格式"→"合并形状"→"相交"，具体如图 3.8 所示，两图合并之后的效果如图 3.9 所示。

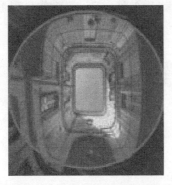

图 3.7　图片与圆形框重叠

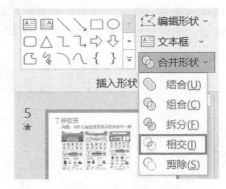

图 3.8　相交功能设置

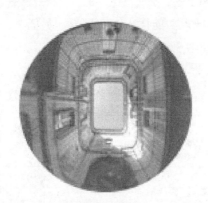

图 3.9　相交效果

（4）很多新手发现这种方法并不适用于视频头像的制作，因为"格式"选项卡中的"合并形状"功能按钮无法正常使用，因此需要提前进行设置。如图 3.10 所示，在"格式"选项卡中找到"合并形状"按钮并单击，选择"添加到快速访问工具栏（A）"（这里可以看到该选项是灰色的，因为之前已经添加过了）。添加完成后，"合并形状"按钮就是可操作状态了，即可以对视频主讲人头像进行呈现形式的设置。

图 3.10　添加"合并形状"按钮

下面正式录制幻灯片。

（一）幻灯片录制

（1）打开幻灯片的第一页，单击幻灯片"Record（录制）"按钮，就会出现如图 3.11 所示的页面，该页面上工具栏的放大图如图 3.12 和图 3.13 所示。

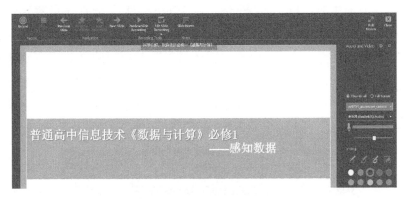

图 3.11　录制页面

图 3.12　横向工具栏放大图

图 3.13　纵向工具栏放大图

（2）录制之前，需要调节好镜头和麦克风。对于主讲人的头像，可提前设置全屏或小图片形式，也可在录制后适当调整头像的大小。

（3）界面左上角的"Record"是录制按钮，单击它就可以开始正式录制，此时会出现虚线红框，可将需要录制的 PPT 页面区域框起来。

（4）横向工具栏中的"Previous Slide"和"Next Slide"分别表示跳转到上一页和下一页幻灯片，即图 3.12 中的两个箭头。在录完第 1 页幻灯片之后要跳转到第 2 页幻灯片时，不需要退出录制，只需要单击"Next Slide"就可以跳转到下一页，直接开始第 2 页的录制，如图 3.14 所示。Office Mix 会自动帮用户把每一页录制的视频分配到相应的页面。如果在录制某一页的时候出现了错误，也不需要从头录制，只需将该页录制的内容删除，重新录制这一页即可，不会对其他页的内容造成影响。

图 3.14　跳转到下一页按钮

（5）横向工具栏中的"Edit Slide Recording"可以对录制好的视频进行剪辑和删减，如图 3.15 所示。如果视频的长度需要更改，选择"Trim Slide Recording"就可以进行剪裁操作了，如图 3.16 所示；也可以在 PPT 页面中选中录制好的视频，右击鼠标选择"剪裁"，如图 3.17 所示，不过这个功能只能掐头去尾，剪不了中间的片段。

图 3.15　剪裁视频按钮

图 3.16　剪裁操作页面

图 3.17　PPT 页面剪裁

（6）在纵向工具栏的"Inking"中可以选择需要的画笔和颜色，如图 3.18 所示。在录制的时候可以用画笔在幻灯片上做标记，做好的标记会保留在 PPT 的相应页面中。如在微课的练习题讲解中常用到此功能，其使用效果如图 3.19 所示。

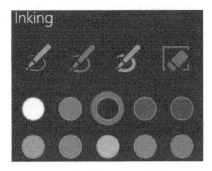

图 3.18　画笔及颜色选择

图 3.19　画笔书写痕迹

（7）横向工具栏中的"Slide Notes"能在录制过程中提供文字提示。在录制第 1 页幻灯片时，需要通过语言介绍该课程的课题，如"这节课我们来学习必修一《数据与计算》的第一节'感知数据'"，并将这句话添加到该页幻灯片的最下方备注处，如图 3.20 所示。如果在录制时，主讲人忘记了该页幻灯片所需解说的内容，单击"Slide Notes"就会出现讲解内容的提示，如图 3.21 所示。

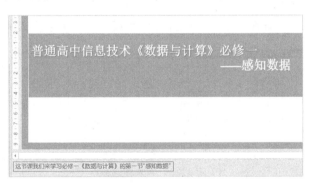

图 3.20　PPT 备注

图 3.21　提示板

（8）对于录制好的视频，可以根据实际情况选择播放的时间和顺序。选中视频后右击鼠标，在弹出的菜单中单击"开始"按钮，则会出现"按照单击顺序""自动""单击时"三种选项，用户可以根据自己的需要进行选择，如图 3.22 所示。在录制微课时，通常选择"自动"，如图 3.23 所示。

图 3.22　设置播放顺序

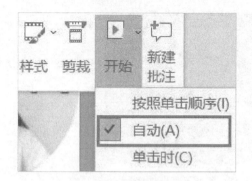

图 3.23　设置自动播放

（二）插入视频

在新课教学之前，若希望以短视频的形式导入新课，则可在 PPT 中插入视频。

（1）在工具栏选择"插入视频"按钮，如图 3.24 所示，将选择的视频插入 PPT 中。

（2）若视频时间过长，则需要对视频进行剪辑，并保存剪辑好的视频。另外，选中视频并拖拽图 3.25 中画面周围的圆圈即可调整尺寸，使视频界面大小与页面相适应。

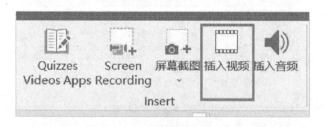

图 3.24　插入视频

图 3.25　调整视频尺寸

（三）插入音频

（1）插入音频的方法和插入视频类似，单击图 3.24 中的"插入音频"按钮，则可从电脑中插入音频至 PPT 中。

（2）如果只想保留所录制课程的音频而不播放视频，直接删除视频的方式是不可

取的，这会导致音频也消失。这时需要选中视频，将其移动到幻灯片之外，如图 3.26
所示，这样便保留了音频而不播放视频。

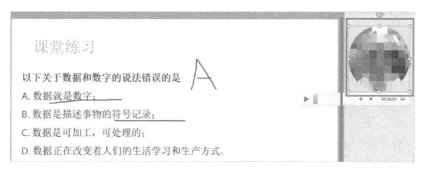

图 3.26　只播放音频

（四）添加片头

如需添加片头，只需将录制好的片头视频按照步骤（二）的方式插入 PPT 中，并
将视频界面大小调整到与页面相适应即可。记得要设置自动播放（见图 3.23）。

（五）预览与修改

在导出视频之前，单击工具栏中的"Preview Slide Recording"即可预览，视频会自
动播放。预览与修改功能可以避免在视频导出之后才发现问题。

（六）导出

（1）单击"Mix"选项卡中的"Export to Video"，如图 3.27 所示，在弹出的页面中
选择"Full HD（1080p）"，也可以根据现实需要选择其他清晰度，然后单击"Next"
按钮，将出现导出进度条，如图 3.28 所示。

图 3.27　导出视频

图 3.28　选择清晰度

（2）导出完成后，录制好的视频会出现在电脑桌面上。录制的课程时间不宜过长，尽量控制在十分钟之内。

（七）加字幕

（1）加字幕可以利用"网易见外工作台"，如图 3.29 所示，进入该网站需要注册一个账号，通常采用网易邮箱账号。

图 3.29　网易见外工作台

（2）在平台登录账号之后，选择"新建项目"，如图 3.30 所示。

图 3.30　新建项目

（3）在弹出的对话框中选择"视频转写"，如图 3.31 所示，按照步骤提示上传需要加字幕的视频，选择所需的"文件语言"后，单击"提交"按钮，如图 3.32 所示。

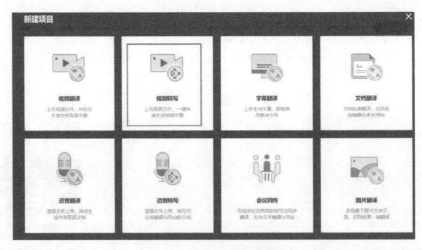

图 3.31　选择"视频转写"

图 3.32　提交视频

（4）提交视频后等待一段时间，将生成的字幕文件以".srt"格式导出。

（5）将录制好的微课视频和生成的字幕文件导入视频处理软件中，按照话语出现的先后顺序，将视频声音与字幕一一对应，也可以根据需要添加背景音乐。

（6）合成检查无误后，即可将视频导出。一节完整的微课就制作好了。

第四单元

OneKeyTools

一、简介

OneKeyTools 简称"OK 插件",是一款 PowerPoint 软件的第三方插件,面世后受到广大 PPT 设计师和爱好者的青睐。它具备本地图形库、支持 GIF 透明、拼图时设置任意单页为大图、一键去除音频及视频、一键去除同位置图形、多种线条批量功能、多种点对点连线功能、批量改名、图片混合置换、图片画中画、图片糊化、图形替换等多种功能,涉及形状、调色、三维、图片处理、演示辅助、表格处理、音频处理等。其界面主要包括形状组、颜色组、三维组、图形组、辅助组及文档组 6 个部分,属于真正意义上的 PPT 平面设计插件,特别适用于 PPT 美化需求较高的人群。OK 插件的工具栏如图 4.1 所示。

图 4.1 OK 插件工具栏

二、下载与安装

(1)打开 OneKeyTools 官网地址 http://oktools.xyz,就会出现图 4.2 所示的页面。

图 4.2 OK 插件官网界面

（2）单击"获取 PPT 版 OK Lite（Win）"按钮，会出现图 4.3 所示的百度网盘安装包下载界面。

图 4.3　百度网盘安装包下载界面

（3）勾选安装包后单击"下载"按钮，如图 4.4 所示。

图 4.4　勾选安装包单击下载

（4）选择保存路径，路径选择完成后单击"下载"按钮进行下载，如图 4.5 所示。

图 4.5　选择保存路径

（5）下载完成后，即会出现图 4.6 所示的文件夹内容。

图 4.6　OK 插件文件夹内容

（6）选中安装包应用程序，右击选择"打开"按钮即可安装此插件，如图 4.7 所示。安装完成后，若在 PowerPoint 菜单栏中看到图 4.8 所示的"OneKey Lite"选项卡，则说明安装正常。

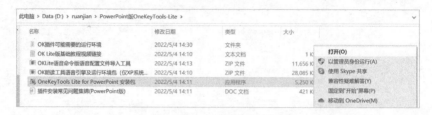

图 4.7　打开并安装 OK 插件

图 4.8　"OneKey Lite"选项卡

（7）若要卸载 OK 插件，右击 OK 插件图标，在弹出的快捷菜单中选择"以管理员身份运行"，如图 4.9 所示，在弹出的对话框单击"删除"即可，如图 4.10 所示。

图 4.9　以管理员身份运行

图 4.10　修改、修复或删除安装

三、案例制作：职业生涯规划

（一）首页制作

本案例主要介绍如何利用 OK 插件制作职业生涯规划 PPT。图 4.11 所示的图片分割效果主要使用了 OK 插件中的图片分割功能，其制作步骤如下。

图 4.11 图片分割效果展示

（1）在 PowerPoint 中插入两张与课件主题相关的图片，即图 4.12 所示的道路和图 4.13 所示的湖面。分别调整这两张图片的大小，如图 4.14 所示。

图 4.12 道路

图 4.13 湖面

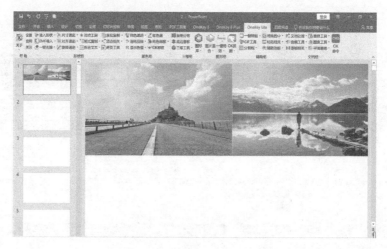

图 4.14 调整图片大小效果

（2）按【Ctrl+A】键同时选中两张图片后，再单击"OneKey Lite"→"OK 神框"→"图片分割"按钮，在弹出的对话框内输入想要分割的块数，比如 9 块，则输入"3 3"，数字中间输入空格，如图 4.15 所示，最后单击【Enter】键完成"3 行×3 列"的图片分割，则每张图片被分割成了 9 块。

(a)　　　　　　　　　　　　　　　(b)

图 4.15 图片分割

（3）按【Ctrl+A】键同时选中分割后的所有图片，如图 4.16 所示。单击并拖拽任意图片上的编辑点，可同时等比例调整所有图片大小，如图 4.17 所示。

图 4.16 选中分割后的所有图片

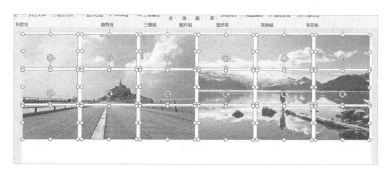

图 4.17 等比例调整小图片大小

（4）在该页幻灯片中输入主题和相应文字等，就做成了所需的 PPT 首页（见图 4.11）。

（二）目录页制作

目录页的制作以 OK 插件中使用最多的原位复制功能为例进行介绍，最终的制作效果如图 4.18 所示。

图 4.18 目录页效果展示

1. 蓝色边框的制作

（1）单击 PowerPoint 自带的插入功能，在"形状"中选择插入矩形，在编辑区域单击鼠标并拖动画出一个大小适中的矩形，使用"格式"选项卡中的"形状填充"将矩形的颜色填充为渐变蓝色，再将该矩形移到页面最上方，如图 4.19 所示。

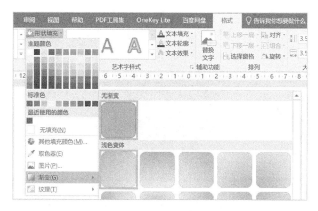

图 4.19 填充渐变蓝色

（2）选中矩形，单击 OK 插件形状组中的"原位复制"功能，即可复制出同一矩形，并将其拖动至页面最下方，如图 4.20 所示。

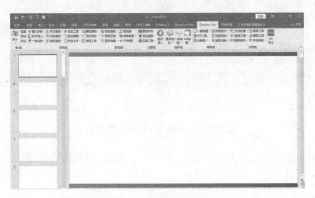

图 4.20　原位复制图形

（3）用同样的方法制作出 2 个纵向矩形，分别拖动至页面左右两侧，制作效果如图 4.21 所示。

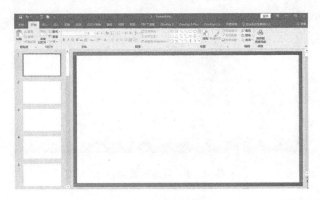

图 4.21　边框制作效果

2. 大树和草地的制作

（1）在该页幻灯片中插入图 4.22 所示的树，单击"原位复制"功能即可复制这棵树。

图 4.22　树

（2）拖动复制后的图片至页面左侧，单击选中图片，按住【Shift】键单击并拖动鼠标即可将树等比例放大或缩小，再适当旋转树的角度，即可得到图4.23所示的效果。

图 4. 23　大树效果

（3）插入图4.24所示的草地，单击"原位复制"功能进行复制，将复制后的草地图片移至页面下方且水平对齐，再使用PPT自带的裁剪功能调整草地宽度如图4.25所示，直至草地与幻灯片页面等宽。

图 4. 24　草地

图 4. 25　草地裁剪

3. 目录标题的制作

（1）输入相应的目录文本，单击PPT中自带的插入功能选择插入横线，如图4.26所示。

图 4.26 目录文本制作

（2）选中横线，单击 OK 插件中的"原位复制"→"批量原位"功能，如图 4.27 所示；输入复制次数"3"，如图 4.28 所示，即可在原位复制 3 条相同的横线，分别拖动横线至目录文字下方，即可得到图 4.18 所示的页面效果。

图 4.27 单击"批量原位"

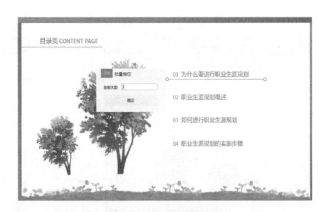

图 4.28 填写复制次数

（三）过渡页制作

（1）在 PPT 中插入图 4.29 所示的山水图，并调整其在页面中的位置和大小。

图4.29　山水图

（2）页面边框可从目录页复制过来，在页面中输入需要的文本即可成为一张完整的过渡页，如图4.30所示。

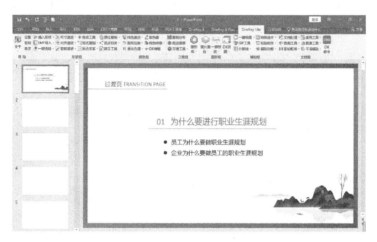

图4.30　过渡页效果展示

（四）内容页制作

1. LOGO跨页复制

PPT的内容页上方均有图4.31所示的LOGO标志及左边的章节提示，即幻灯片页头，其制作需利用"OK神框"中的"跨页复制"功能，具体操作步骤如下。

图4.31　跨页复制效果图

（1）插入所需形状并输入相应文字，便可制作出图4.32所示的幻灯片页头。

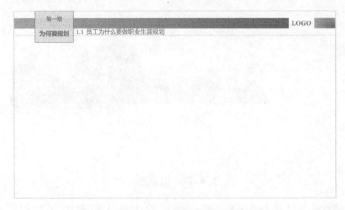

图 4.32　幻灯片页头

（2）选中页头中将要复制的内容，单击 OK 插件颜色组中的"OK 神框"功能，如图4.33所示。

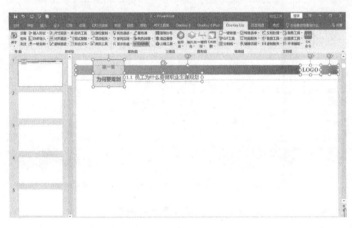

图 4.33　选择"OK 神框"

（3）在"OK 神框"对话框中选择"跨页复制"并输入想要复制的 PPT 页数，连续页中间用空格隔开，不连续页用逗号隔开，如图4.34所示。

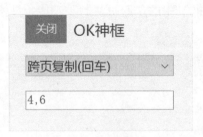

图 4.34　跨页复制

跨页复制功能能够减少操作步骤，有效节约了 PPT 制作时间。

2. 尺寸递进——相同大小

图片相同大小的最终制作效果如图 4.35 所示。

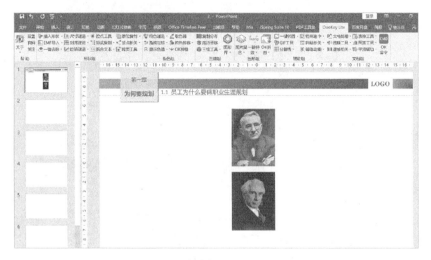

图 4.35 图片相同大小效果展示

（1）在 PPT 页面中插入图 4.36 和图 4.37 所示的两张图片。

图 4.36 戴尔·卡耐基　　　　　　　图 4.37 伯特兰·罗素

（2）选中其中的一张图片，按住【Ctrl】键并单击另一张图片，即同时选中两张图片，然后依次单击 "OneKey Lite" → "尺寸递进" → "相同大小" 功能按钮，如图 4.38 所示。此时两张图片便被设置为相同大小，其效果如图 4.39 所示。

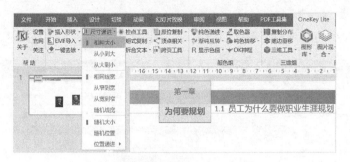

图 4.38　选择"相同大小"

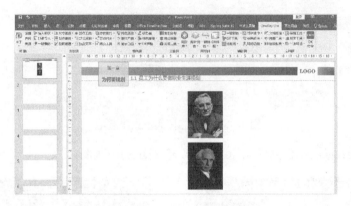

图 4.39　设置相同大小效果

3. 拆合文本

拆合文本的制作效果如图 4.40 所示。

图 4.40　拆合文本效果

（1）首先在文本框中输入"【案例】"文本，如图 4.41 所示。

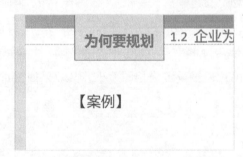

图 4.41　输入文本

（2）设置"【案例】"为华光行楷 18 号字体。

（3）单击 OK 插件形状组中的"拆合文本"功能，再单击"拆为单字"，如图 4.42 所示。

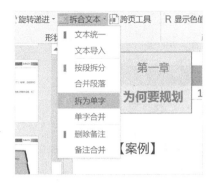

图 4.42　选择"拆为单字"

（4）此时原"【案例】"二字的右方会出现被拆分的单字，用鼠标拖动单字进行位置调整，最终制作效果见图 4.40。

4．尺寸递进——从小到大

图片从小到大的制作效果如图 4.43 所示。

图 4.43　图片从小到大效果

（1）单击 PPT 自带的"插入形状"功能，选择插入梯形并输入相应的文本。

（2）将三个梯形全部选中，依次单击 OK 插件中的"尺寸递进"→"从小到大"功能按钮，则三个梯形从上到下为由小到大，如图 4.44 所示。

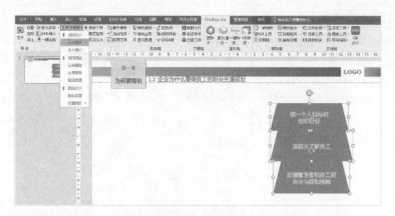

图 4.44　选择"从小到大"按钮

（3）设置梯形的颜色为橙色，个性色为"2"，淡色 40%；设置其形状轮廓为橙色，个性色为"2"，深色 35%。其效果如图 4.45 所示。

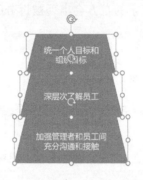

图 4.45　梯形及字体格式调整

5. 制作立体图

将上述梯形全部选中，依次单击 OK 插件中的"三维工具"→"一键立方体"，即可得到图 4.46 所示的三维效果图。

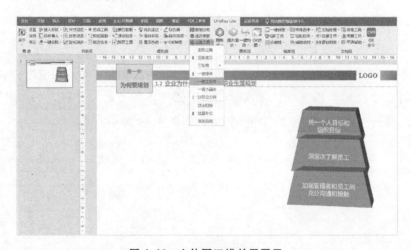

图 4.46　立体图三维效果展示

6. 制作同心圆

同心圆的制作效果如图 4.47 所示。

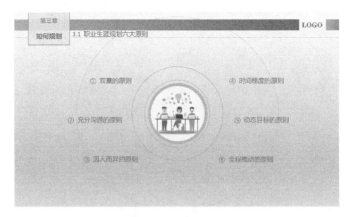

图 4.47 同心圆效果展示

（1）在 PPT 的页面中间插入圆形 1 并设置圆的格式，将圆的形状轮廓填充为橙色，个性色为 2，淡色 40%，其效果如图 4.48 所示。

图 4.48 同心圆 1

（2）使用 OK 插件中的"原位复制"功能复制这个圆得到圆 2，单击圆 2，同时按住【Ctrl】键和【Shift】键并拖动鼠标调整圆 2 的大小，更改其格式为"无填充"，形状轮廓设置为橙色，个性色为 2，淡色 40%，调整后的效果如图 4.49 所示。

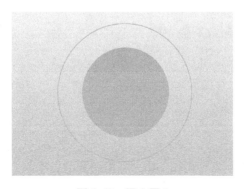

图 4.49 同心圆 2

（3）再进行上述操作 2 次后，将最大圆的轮廓设置为虚线且置于最底层，依次调整圆的叠放层次即可得到图 4.50 所示的效果。

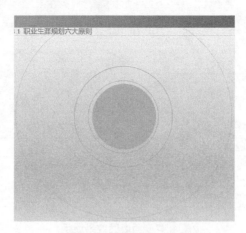

图 4.50　同心圆效果展示

（4）插入图片，并使用 PPT 自带的"裁剪"→"裁剪为形状"功能进行裁剪，如图 4.51 所示。

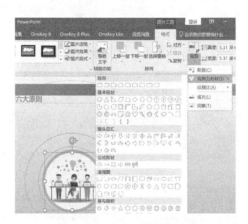

图 4.51　自定义裁剪图片

（5）在页面中输入相应的文本，就可以得到想要的效果图了（见图 4.47）。

7. 一键特效——正片叠底

正片叠底的制作效果如图 4.52 所示。

图 4.52 正片叠底效果展示

（1）在 PPT 中插入图 4.53 所示的帆船图片，在设置图片大小之后选中图片，单击 OK 插件中的"插入形状"按钮，如图 4.54 所示，此时会出现一张与图 4.53 同样大小的矩形框覆盖在图片上，如图 4.55 所示。

图 4.53 帆船

图 4.54 插入形状

图 4.55 矩形框覆盖图片

（2）单击矩形框进行格式设置，选择"填充"→"图案填充"，再选择右对角线图案，会得到图 4.56 所示的效果。

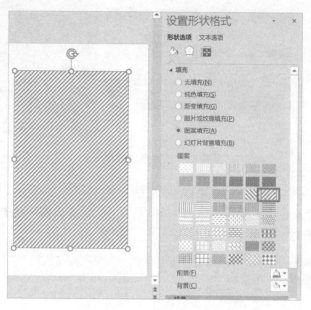

图 4.56　图案填充

（3）适当调整填充的图案后，选中帆船图片，按住【Ctrl】键的同时选中对角线矩形图案，然后依次单击 OK 插件中的"图片混合"→"正片叠底"功能按钮，如图 4.57 所示，则可形成正片叠底效果，从而增加图片的质感。

图 4.57　正片叠底

（4）在页面中输入相应的形状和文本，就可以得到最终想要的效果了（见图4.52）。

8．一键特效——图片极坐标

图片极坐标的制作效果如图4.58所示。

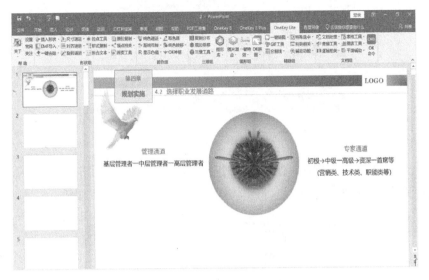

图4.58　图片极坐标效果展示

（1）在PPT页面中插入图4.59所示的大楼图片。

图4.59　大楼

（2）选中大楼图片，单击"原位复制"功能进行复制，可得到两张相同的图片，再拖动图片将其水平对齐，并将右边的图片水平翻转，如图4.60所示。

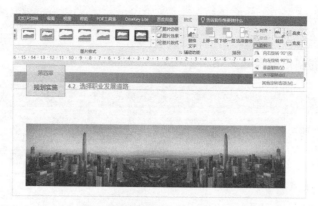

图 4.60   水平翻转

（3）选中其中的一张图片，按住【Ctrl】键的同时选中另一张图片，再按住【Ctrl+G】键可将两张图片合并为一张图片，再将该图片垂直翻转，便可得到图 4.61 所示的效果。

图 4.61   垂直翻转后效果展示

（4）依次单击 OK 插件中的"一键特效"→"图片极坐标"功能按钮，如图 4.62 所示，再在页面输入相关文字即可得到想要的极坐标效果（见图 4.58）。

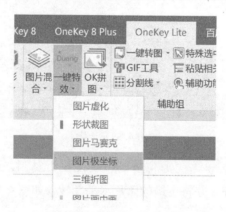

图 4.62   图片极坐标功能

9. 一键特效——三维折图

三维折图的制作效果如图 4.63 所示。

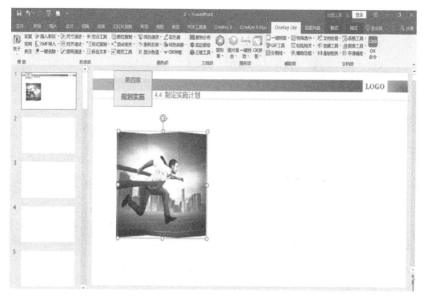

图 4.63　三维折图效果展示

（1）在 PPT 页面插入图 4.64 所示的奔跑图片。

图 4.64　奔跑

（2）选中图片，依次单击 OK 插件中的"一键特效"→"三维折图"功能按钮，如图 4.65 所示，即可得到图 4.63 所示的三维折图效果。

图 4.65　三维折图功能

（3）在 PPT 页面中输入相应的文本，便可得到想要的内容页。

第五单元

think-cell

一、简介

think-cell 插件在制作图表方面的功能非常强大且方便省时，它可以在几分钟内制作出 40 多种专业、简洁的图表，如甘特图、瀑布图、散点图等，可得到数十种驱动型视觉注释，还可通过 PowerPoint 模板对图表进行自定义。插件的所有功能都在 PowerPoint 对象旁边，使用方便，能让一个新手在短短几个小时内变成操作熟练的老手。下面是 think-cell 插件的常用功能介绍。

1. 元素

插件里含有文本框、圆角矩形、五边形/V 形及 17 种图表（如堆积图、瀑布图、气泡图、甘特图等）。在使用过程中，图表绘制好后会自动弹出相应的数据表，若对数据表中的数据进行更改，则会立即在图表中反映出来。选中图表，可以更改图表中文字的大小和颜色，也可以任意切换图表类型；右击图表，可以为图表添加层级差异箭头、总计差异箭头、Y 轴值等。图表部分还具有识别页面数据的功能，可利用数据识别窗口直接获取网页或文档等页面图片的数据，并将其填入数据表，非常便捷高效。甘特图可以用来制订日程表，可任意更改其时间表达方式，也可根据自身需要设计日程条，还可以利用复选框及 Harvey Ball 表达事件完成的程度；里程碑的建立也会让重点事件更加突出。

2. 文本框

文本框绘制好后可以直接在其中输入内容，选中文本框可对其进行复制，可以设置输入字体的大小、颜色等，也可为文本框设置填充颜色。如需调整文本框的位置和大小，拖动文本框周围的"锁"便可实现。若多个文本框在经过调整后变得大小不一，可选中所有文本框后右击，在出现的对话框中单击"相同高度"和"相同宽度"，便可统一所有文本框的大小，使排版变得更加方便、快捷。

3. 圆角矩形

圆角矩形绘制好后可以直接在其中输入内容，选中圆角矩形可对其进行复制，可以设置输入字体的大小、颜色等，也可为圆角矩形设置填充颜色及边框。如需调整圆角矩形的位置，拖动圆角矩形即可；如需调整圆角矩形的大小，拖动圆角矩形顶点即可实现。若多个圆角矩形在经过调整后变得大小不一，可选中所有圆角矩形后右击，在出现的对话框中单击"相同高度"和"相同宽度"，便可统一所有圆角矩形的大小，使排版变得更加方便、快捷。

4. 五边形/V 形

五边形绘制好后可以直接在其中输入内容，选中五边形可对其进行复制，可以设置输入字体的大小、颜色等，也可为五边形设置填充颜色。如需调整五边形的位置和大小，拖动五边形或文本框周围的"锁"即可实现。若多个五边形在经过调整后变得大小不一，可选中所有五边形后右击，在出现的对话框中单击"相同高度"和"相同宽度"，便可统一所有五边形的大小。五边形可以用来制作流程图等。如需将五边形切换成 V 形，双击五边形即可（也可通过选中五边形，右击选择"切换到五边形/V 形"来实现）。五边形顶点处的旋转按钮可以任意改变其方向，在整个流程图制作完成后，还可以将所有五边形全选，以更改方向。

5. 连接线

连接线可以连接任意两个顶点。如连接柱形图中某两个柱形的顶点，这样可以通过连接线的倾斜程度反映顶点之间的差距。

6. 其他工具

think-cell 插件还包括数据链接、插入符号、发送幻灯片、切换小数点、删除墨迹和动画、视频教程、用户手册、知识库等功能，可以在 PPT 制作过程中进行数据链接或插入一些特殊符号。"发送幻灯片"功能可以将整个幻灯片或选中的某页幻灯片通过邮件发送，"切换小数点"功能则可以一键切换整个幻灯片中的小数点格式，"删除墨迹和动画"功能可以一键删除涂写的墨迹与不需要的动画，"视频教程、用户手册、知识库"则为用户提供了使用教程、插件简介，以及常见问题的解决方案。

二、下载与安装

（1）登录 think-cell 官网地址 http：// www. thinkcell. com. cn，官网界面如图 5.1 所示，单击"下载试用"按钮获取安装包，按照提示逐步安装。

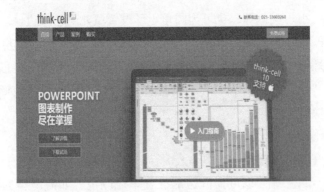

图 5.1　think-cell 官网界面

（2）安装完成后打开 PowerPoint 会弹出对话框，需要填写序列号。购买序列号并填写，便可开始使用 think-cell 插件。

三、案例制作

（一）案例：棉花产量统计

1. 效果展示

棉花产量统计案例的制作效果如图 5.2 至图 5.4 所示。

图 5.2　棉花产量统计案例效果展示 1

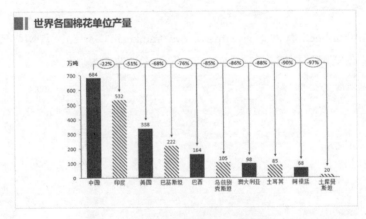

图 5.3　棉花产量统计案例效果展示 2

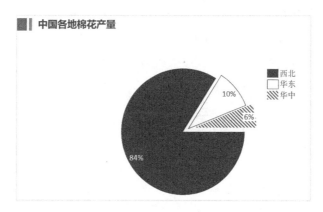

图 5.4　棉花产量统计案例效果展示 3

2．制作步骤

（1）打开 PowerPoint，单击"插入"选项，找到"think-cell"模块，单击模块中的"文本框"，如图 5.5 所示。

图 5.5　插入"文本框"

（2）绘制文本框，拖动文本框上方和左侧的锁形图标可以调整文本框的位置及大小，如图 5.6 所示。

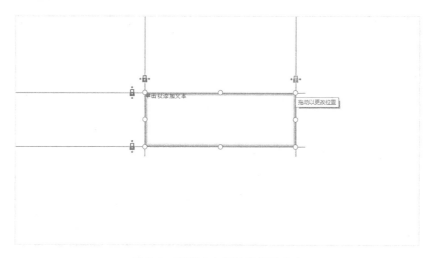

图 5.6　调整文本框的位置及大小

（3）选中文本框可在其中直接输入内容"全球棉花产量"。右击文本框边缘，会弹出格式设置对话框，将字体格式设置为"28 pt，宋体，粗体"，将字体颜色设置为白色，将文本框背景颜色设置为红色，其效果如图 5.7 所示。

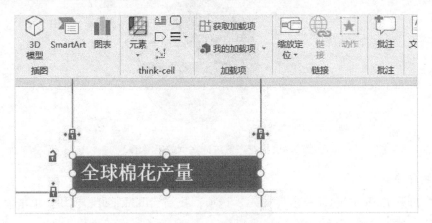

图 5.7　输入文本并调整格式

（4）选中框内文字，单击"开始"→"对齐文本"→"其他选项"→"中部居中"，如图 5.8 和图 5.9 所示。设置文本"中部居中"的效果如图 5.10 所示。

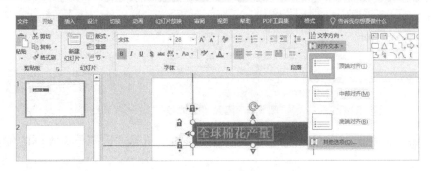

图 5.8　单击"其他选项"

图 5.9　选择"中部居中"

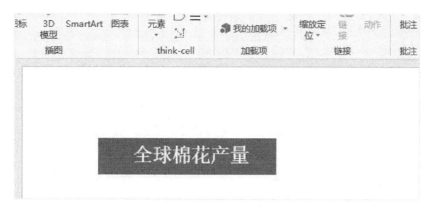

图 5.10　文本中部居中效果

（5）单击文本框，先按【Ctrl+C】键，再按【Ctrl+V】键可复制粘贴一个相同的文本框；或先选中文本框，按住【Ctrl】键的同时移动文本框，也可以复制文本框。设置新文本框背景颜色并调整文本框内容，如图 5.11 所示。

图 5.11　复制文本框并设置格式

（6）若分别调整两个文本框的位置和大小，可得到两个大小不一的文本框，如图 5.12 所示。但是，这里用大小不一的文本框不太美观。

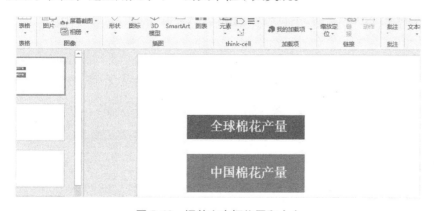

图 5.12　调整文本框位置和大小

（7）选中所有文本框，右击出现对话框后，单击"相同高度"，便可得到相同高度的文本框，如图 5.13 和图 5.14 所示。

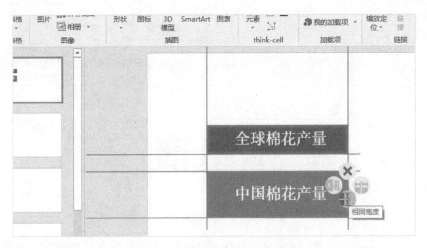

图 5.13　调整文本框为相同高度

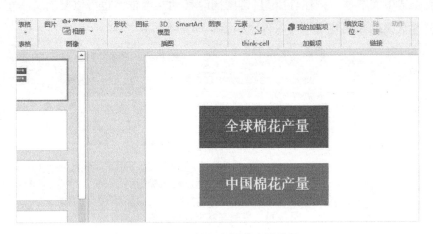

图 5.14　调整文本框高度的效果

（8）再次插入文本框，此时在插入文本框时有自动定位大小功能，会自动插入和已有的文本框相同大小的文本框，再复制该文本框并将其移动到合适的位置，如图 5.15 所示。

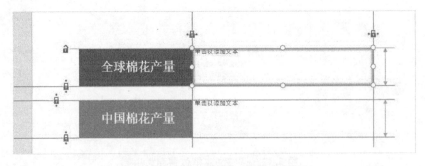

图 5.15　插入、复制、移动文本框

（9）在文本框内输入文字并修改文字格式，再为该页幻灯片添加标题，就得到

图 5.16 所示的效果（即棉花产量统计案例效果展示 1）。

在世界棉花单位产量前十位中，中国位居第一，土库曼斯坦位居第十；
中国的产量比土库曼斯坦的产量高出97%。

中国各地区中，西北的棉花产量最高，占中国总棉花产量的84%，华东和华中的产量相近。

图 5.16 输入文本框内容、添加标题

（10）依次单击"插入"→"元素"→"堆积柱形图"，如图 5.17 所示。

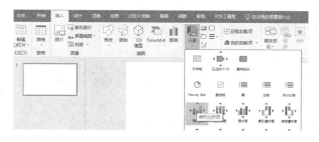

图 5.17 插入"堆积柱形图"

（11）绘制柱形图后会自动弹出 Excel 表格，单击柱形图右下角的数据表图标也可打开数据表，如图 5.18 和图 5.19 所示。

	A	B	C	D	E	F
1	类别	2019	2020	2021		
2	系列	100%				
3	系列 1	3.5	5.3	4.1		
4	系列 2	5.1	3.9	7.2		
5	系列 3	12.9	21.8	35.1		

图 5.18 think-cell 自带的数据表

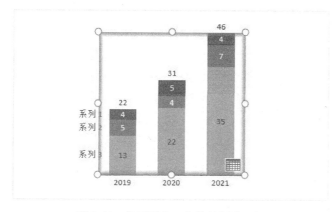

图 5.19 柱形图右下角的数据表图标

（12）在数据表中输入数据，如图 5.20 所示。本案例中的数据为某年世界各国棉花单位产量，则得到对应的堆积柱形图，如图 5.21 所示。需要注意的是，think-cell 插件默认对数据进行"四舍五入"。

图 5.20　编辑数据表中的数据

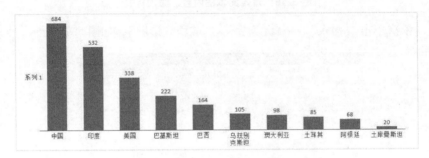

图 5.21　编辑数据表后的堆积柱形图

（13）选中其中一个柱形图，可对柱形图的格式进行设置，还可单击小方框中最后一行的图表形式将柱形图切换为其他类型的图，如图 5.22 和图 5.23 所示。

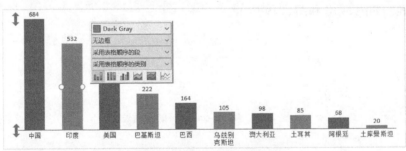

图 5.22　设置堆积柱形图格式

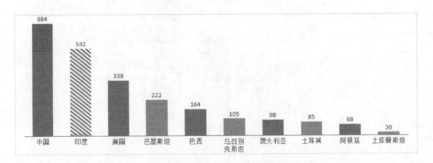

图 5.23　设置堆积柱形图格式后的效果

（14）选中柱形图，右击鼠标选择"添加 Y 轴"，再添加 Y 轴数值，如图 5.24 和图 5.25 所示。

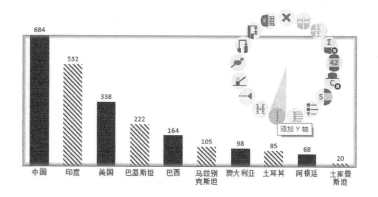

图 5.24 添加 Y 轴

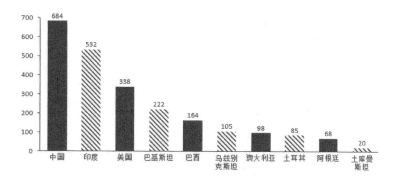

图 5.25 添加 Y 轴数值

（15）将鼠标光标放在"中国"柱形图上，右击鼠标选择"添加总计差异箭头"，则可展示中国与印度两国棉花单位产量的差值百分比，如图 5.26 和图 5.27 所示。

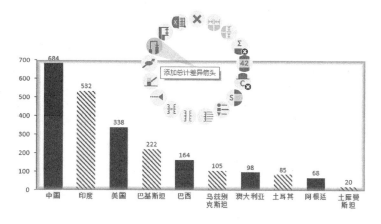

图 5.26 添加总计差异箭头

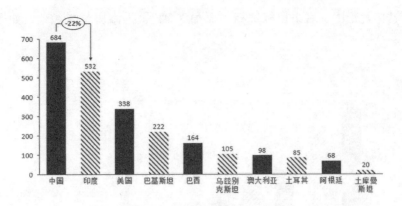

图 5.27　添加总计差异箭头效果

（16）按照上述方法依次添加各国与中国之间的总计差异箭头，并为该页幻灯片添加标题和 Y 轴单位，就得到图 5.28 所示的效果（即棉花产量统计案例效果展示 2）。

世界各国棉花单位产量

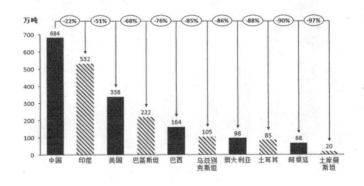

图 5.28　添加各国与中国之间的总计差异箭头、标题和单位

（17）依次单击"插入"→"元素"→"饼图"，如图 5.29 所示。

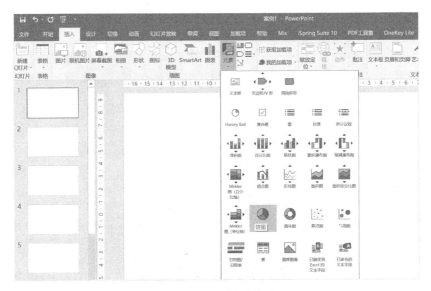

图 5. 29 插入"饼图"

（18）绘制饼图后会自动弹出 Excel 表格，单击饼图右下角的数据表图标也可打开数据表，如图 5. 30 和图 5. 31 所示。

▲	A		B	C	D	E	F
1	系列	100%					
2	系列 1		57.4%				
3	系列 2		23.6%				
4	系列 3		19.0%				
5							

图 5. 30 think-cell 自带的数据表

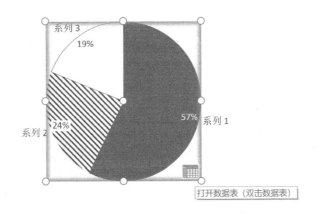

图 5. 31 饼图右下角的数据表图标

（19）在数据表中输入数据，如图 5. 32 所示。本案例中的数据为某年我国各地区的棉花产量百分比，则得到对应的饼图如图 5. 33 所示。需要注意的是，think-cell 插件默认对数据进行"四舍五入"。

	A	B	C	D	E
1	系列	100%=			
2	西北	84.0%			
3	华东	10.0%			
4	华中	6.0%			
5					

图 5.32　编辑数据表数据

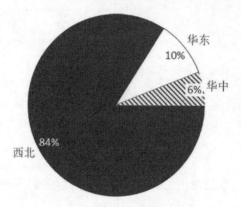

图 5.33　编辑数据表后的饼图

（20）选中整个饼图或其中一部分，可对饼图的格式进行设置，如图 5.34 所示，也可根据需要对饼图的颜色进行设置。

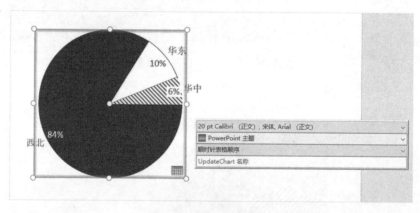

图 5.34　设置饼图格式

（21）选中整个饼图，右击鼠标选择"添加图例"，如图 5.35 所示。添加图例后的效果如图 5.36 所示。

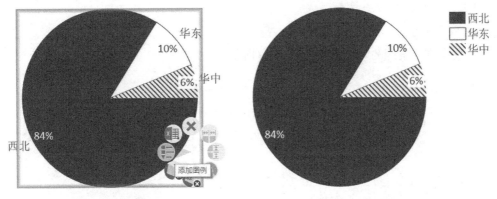

图 5.35　添加图例　　　　　　　　图 5.36　添加图例效果

（22）选中饼图中一部分扇形，按住鼠标将其拖到边缘的靶心标志处，则可将该扇形与其他部分分离，用于突出重点，如图 5.37 和图 5.38 所示。

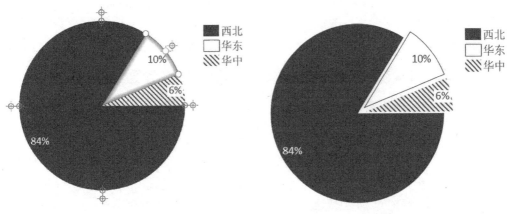

图 5.37　调整饼图扇形位置　　　　　图 5.38　调整饼图扇形位置效果

（23）为该页幻灯片添加标题，就可得到图 5.39 所示的效果（即棉花产量统计案例效果展示 3）。

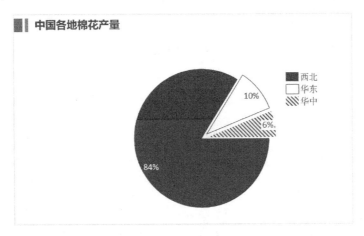

图 5.39　添加标题效果

（二）案例：日程安排表

1. 效果展示

日程安排表案例的制作效果如图 5.40 所示。

工作内容	5月				6月					7月					负责人	备注
	18	19	20	21	22	23	24	25	26	27	28	29	30			
市场调研，明确课题															小明	☑
	5/8 - 5/16															
阅读文献，收集资料															小红	☑
			5/20 - 5/27													
研究设计，编写问卷															小红	◔
					6/1 - 6/9											
小规模发放问卷															小丽	✖
						6/11 - 6/18										
回收问卷，信效度分析 修改问卷															小亮、小丽	◑
		5/26论文答辩						6/19 - 7/4								
大规模发放问卷															小亮、小红、小明	✖
										7/5 - 7/11						
回收问卷，分析数据															小丽	◑
											7/12 - 7/25					
得出结论															小红、小明	✖
												7/26 - 7/31				
	5/15															

图 5.40　日程安排表案例效果展示

2. 制作步骤

（1）单击"插入"→"元素"→"甘特图/日程表图"，如图 5.41 和图 5.42 所示。

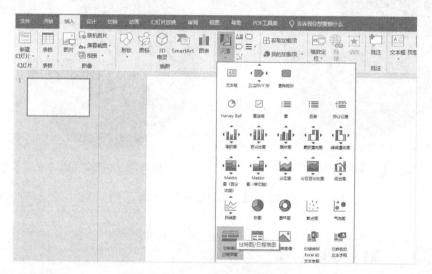

图 5.41　插入甘特图

工作内容	5月					6月					7月				
	17	18	19	20	21	22	23	24	25	26	27	28	29	30
标签 标签														
标签 标签														
标签 标签														

2021/5/15

图 5.42　插入甘特图效果

（2）将甘特图左侧的工作内容标签更改为待办事项，如图 5.43 所示。若需要添加行，在需要添加的位置选中一行，右击选择"插入行"即可，如图 5.44 所示。

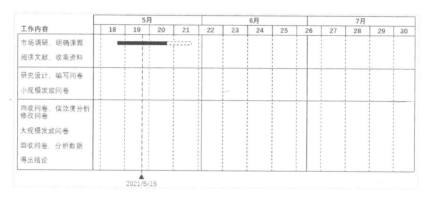

图 5.43　输入待办事项效果

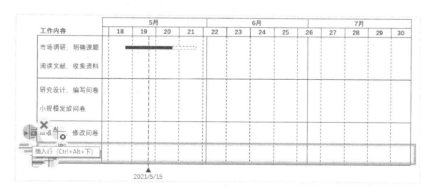

图 5.44　添加行

（3）选中需要分隔的事件，右击选择"添加行分隔符"或"添加行阴影"，就可以在不同事件之间加上分隔符或颜色以便区分。本案例选择的是"添加行分隔符"，如图 5.45 至图 5.47 所示。

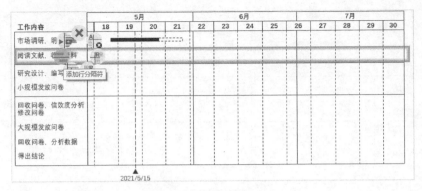

图 5.45　添加行分隔符

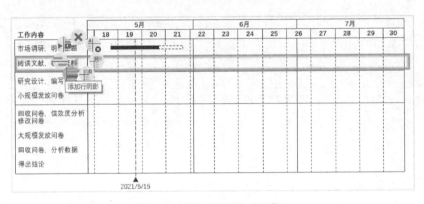

图 5.46　添加行阴影（示范）

图 5.47　添加行分隔符效果

（4）将鼠标移到需要添加日程的位置，右击选择"新建条"添加日程条，如图 5.48 和图 5.49 所示。

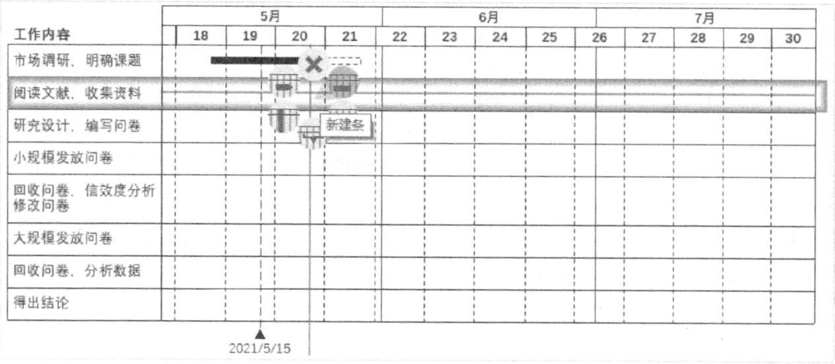

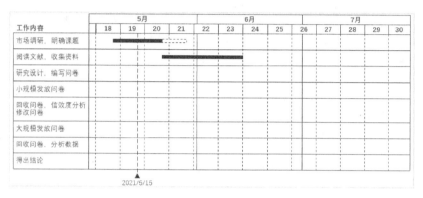

图 5.48 新建条

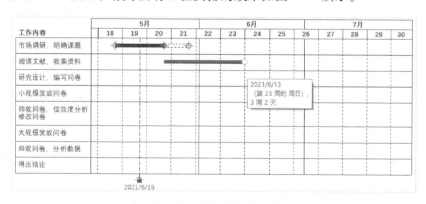

图 5.49 新建条效果

（5）选中新建好的日程条，拖动日程条两端点可以改变日程条的长度，即修改日程安排，如图 5.50 所示。做好所有日程安排的效果如图 5.51 所示。

图 5.50 调整日程条长度

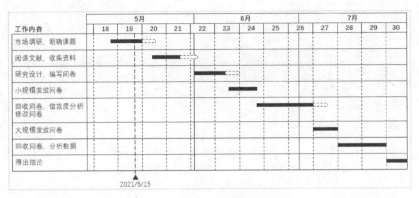

图 5.51 做好所有日程安排效果

（6）若日程表提供的时间不足以安排所有事情，则需要延长时间线，可以选中表示月份的行，如图 5.52 所示，用鼠标单击行端点拖动到满足要求即可。本案例中不需要延长时间线，在此仅作示范，其效果如图 5.53 所示。

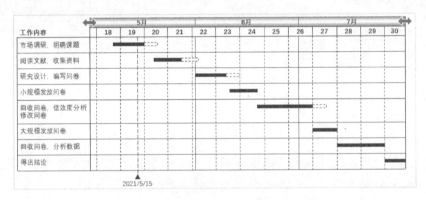

图 5.52 选中表示月份的行并拖动（示范）

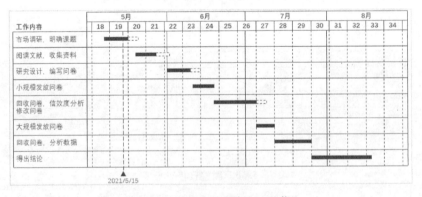

图 5.53 延长时间线效果（示范）

（7）选中某一日程条，右击选择"添加日期标签"，可为日程条添加起止时间，使日程安排更加明了，如图 5.54 和图 5.55 所示。

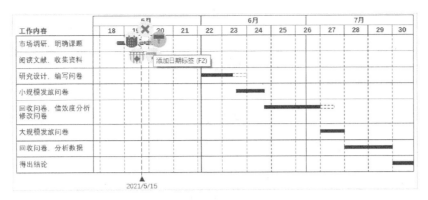

图 5.54　添加日期标签

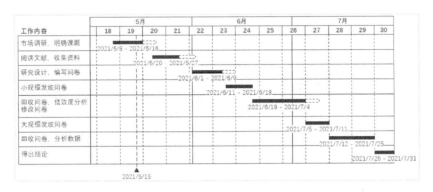

图 5.55　添加日期标签效果

（8）若在某一时间点有重要事件，可在该时间点右击选择"新建里程碑"，如图 5.56 和图 5.57 所示。

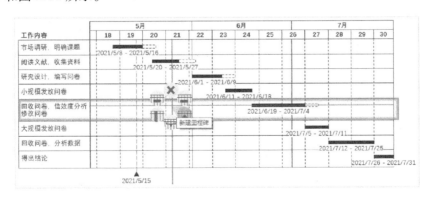

图 5.56　新建里程碑

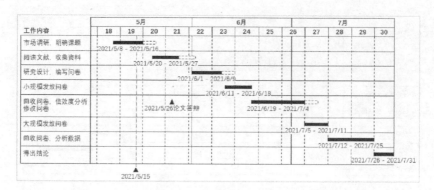

图 5.57　新建里程碑效果

（9）选中任意行，右击选择"添加负责人标签列"便可添加事件负责人，在负责人列输入负责人姓名，如图 5.58 至图 5.60 所示。

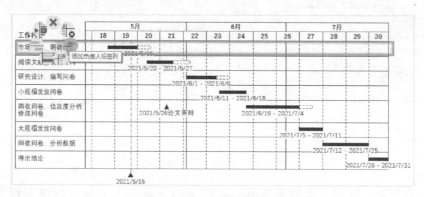

图 5.58　添加负责人标签列

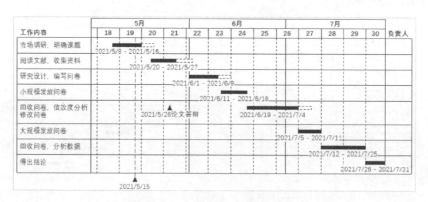

图 5.59　添加负责人标签列效果

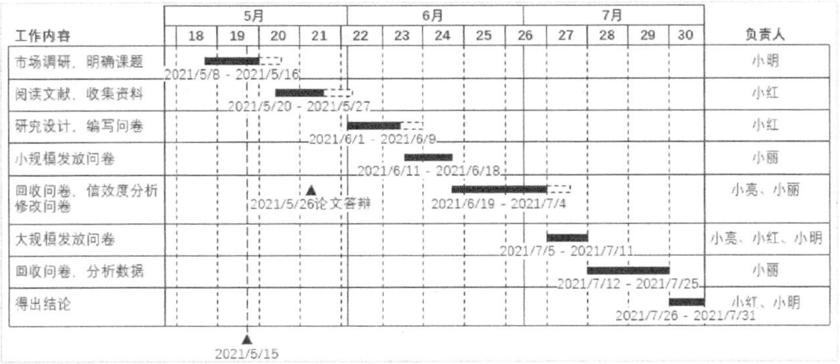

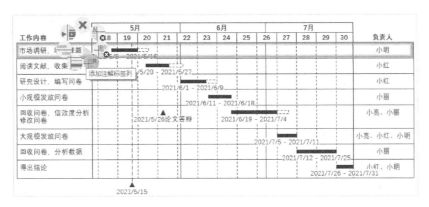

图 5.60 输入负责人姓名

（10）选中任意行，右击选择"添加注解标签列"便可添加备注，如图 5.61 和图 5.62 所示。

图 5.61 添加注解标签列

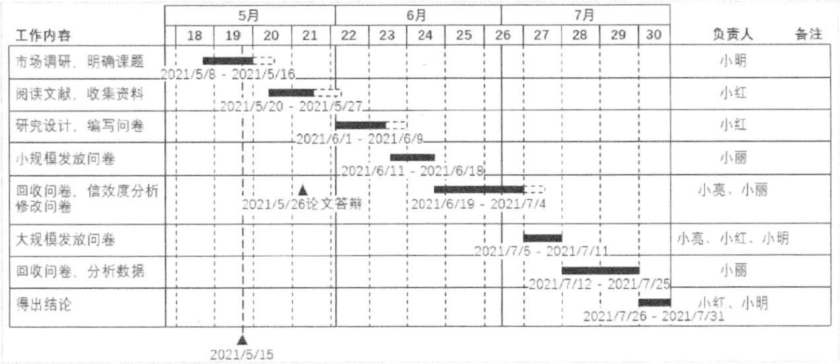

图 5.62 添加注解标签列（备注列）效果

（11）右击"备注"列文本框，选择添加"复选框"和"Harvey Ball"，用以标注工作完成情况，如图 5.63 所示。

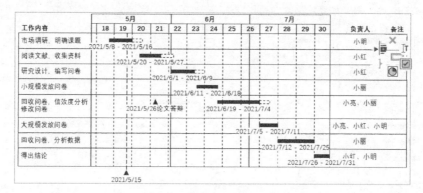

图 5.63 添加"复选框"和"Harvey Ball"

（12）单击复选框，可切换复选框状态，以更好地表示任务完成情况，用同样的方法可以更改 Harvey Ball 的状态，如图 5.64 和图 5.65 所示。

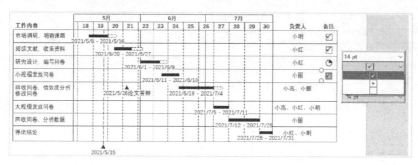

图 5.64 切换复选框状态

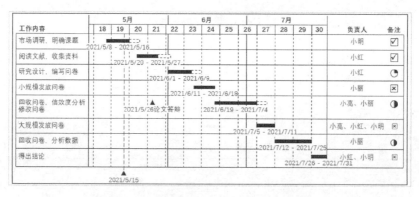

图 5.65 设置复选框和 Harvey Ball 效果

（13）单击日期，可以切换日期呈现格式（也可手动输入），如图 5.66 所示。还可根据需要更改背景颜色。日程表设置的最终效果如图 5.67 所示。

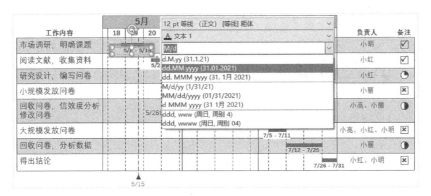

图 5.66　设置日期格式及更改背景颜色

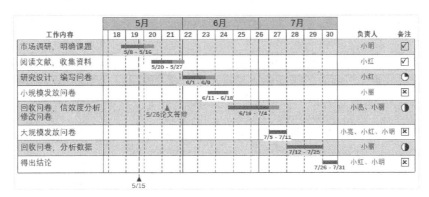

图 5.67　日程表设置的最终效果

第六单元

ThreeD

一、简介

ThreeD 是一款 PPT 三维作图增强插件，主要用于解决 PPT 3D 参数计算复杂、设置烦琐、缺少批量操作等痛点。该插件能够极大地发挥 PPT 的 3D 作图功能，让 PPT 成为一款人人会用的 3D 建模软件，它可以一键将二维形状变成三维模型，在 PPT 中轻松制作出 3D 效果。本插件拥有的 3D 制作功能，还支持渐变和锐化效果，制作完成后还可以演示。此外，它还支持形状、调色、图片处理、辅助功能等。

二、下载与安装

（1）ThreeD 简称"TD"，是"只为设计"为"般若黑洞"定制的一款 PPT 三维设计辅助插件。若想下载 ThreeD 插件，则可从网盘链接"https：// pan. baidu. com/s/1Sai9F8a_oOJX4o_TcK3KUg"（提取码：thre）获取该插件的安装包。

（2）TD 支持 Windows XP/7/8/8. 1/10 系统，支持微软 Office 2007 以上版本，但不支持 WPS，也不支持苹果系统的微软 Office。

（3）安装完成后，打开 PowerPoint 软件，若 PPT 页面菜单栏出现了 ThreeD 选项卡，则说明安装正确。

（4）需要注意的是，插件安装前一定要关闭电脑管家等各种杀毒软件，以防拦截正常的注册表写入。插件安装时，右击安装包选择"以管理员身份运行"。

三、案例制作：绘制电磁圈

1. 效果展示

电磁圈的制作效果如图 6.1 所示。

图 6.1　电磁圈效果展示

2. 制作步骤

（1）打开 PowerPoint，先画一个大圆，再画一个小圆，小圆就是电磁圈的横截面，如图 6.2 所示。

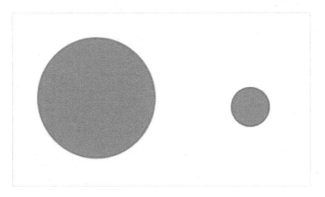

图 6.2　插入大圆和小圆

（2）在 ThreeD 插件中选中小圆并单击页面左上方的"球体"按钮，如图 6.3 所示。此时得到的球体效果如图 6.4 所示。

图 6.3　单击"球体"　　　　　　　**图 6.4　球体圆**

（3）选中球体圆，单击 ThreeD 插件中的"三维递进"按钮，如图 6.5 所示，弹出图 6.6 所示的对话框，选中"复制""原生旋转"，设置步长为"0.3"、个数为"200"，单击"底边"按钮，则得到 200 个沿 z 轴分布的小球，三维递进效果如图 6.7 所示。

图 6.5 单击"三维递进"　　图 6.6 三维递进参数设置　　图 6.7 三维递进效果

（4）先选中大圆，按住【Ctrl】键的同时选中小圆，依次单击"LvyhTools"→"位置分布"→"沿线均匀分布-保持原角度"，如图 6.8 所示，便可得到图 6.9 所示的效果。这样，圆就做好了。

备注：图 6.8 中的"LvyhTools"为英豪插件，该插件需要提前安装，其功能主要包括 PPT 转 Word、字体收藏、字体导出、顶点编辑、线条编辑、形状编辑、位置分布等。

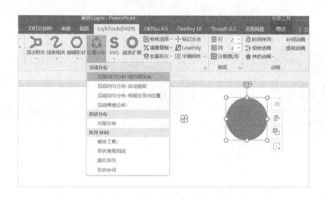

图 6.8 单击"沿线均匀分布-保持原角度"　　图 6.9 沿线均匀分布效果

（5）单击选中内圆，并将其从圆环中移出来，则得到图 6.10 所示的效果。

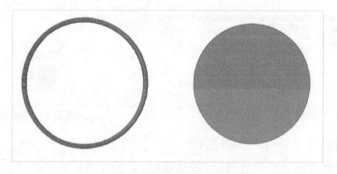

图 6.10 将圆形移出

（6）按住鼠标左键，同时框选图 6.10 中的圆环（注意：该圆环由多个图 6.7 所示的圆构成，确保所有圆被选中），在"绘图工具"选项卡下单击"格式"→"组合"功能按钮，如图 6.11 所示。再将圆环颜色改为深棕色，如图 6.12 所示。

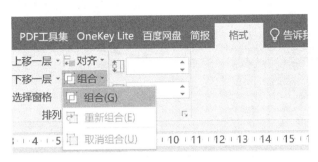

图 6.11　单击"组合"

图 6.12　颜色改为深棕色效果

（7）在 ThreeD 插件中单击页面左上方的"前后"按钮，如图 6.13 所示，则可切换到前视图。

图 6.13　切换到前视图

（8）单击图 6.14 所示的"三维递进"按钮，弹出参数设置对话框；选中"复制""原生旋转"，设置步长为"60"、个数为"3"，单击"底边"，如图 6.15 所示；将所有图形全部选中，单击"格式"→"组合"按钮，如图 6.16 所示。图 6.17 所示为三维递进效果。

图 6.14　单击"三维递进"

图 6.15　三维递进参数设置

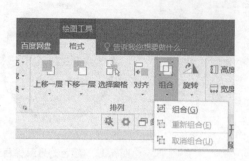

图 6.16 "组合"按钮

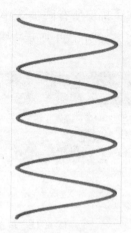

图 6.17 三维递进效果

（9）单击图 6.17 中的形状，右击选择"设置形状格式"为该图形设置"三维旋转"参数，如图 6.18 所示，则得到图 6.19 所示的效果。

图 6.18 三维旋转参数设置

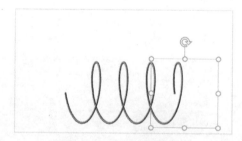

图 6.19 三维旋转效果

（10）在 ThreeD 插件中单击图 6.20 所示的页面左上方的"俯仰"按钮，则可切换到俯视图。此时得到的俯仰效果如图 6.21 所示。

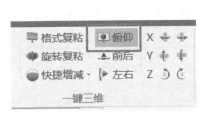

图 6.20　单击"俯仰"

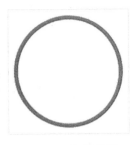

图 6.21　俯仰效果

（11）在 PPT 中插入一个圆环，如图 6.22 所示。

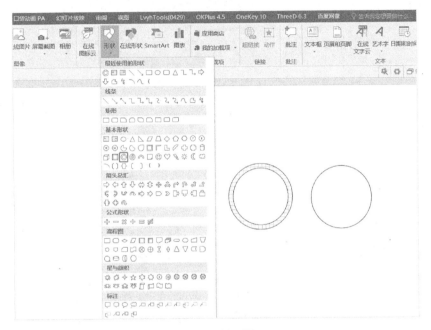

图 6.22　插入圆环

（12）再依次插入两个圆环，分别设置圆环的形状格式。将轮廓设置为"灰色"，线条宽度设置为"4.5 磅"，三维格式的深度大小设置为"300 磅"，再将中间部分的圆环填充为"红色"，然后选中所有圆环，单击"水平居中"和"垂直居中"，如图 6.23 所示。

(a)

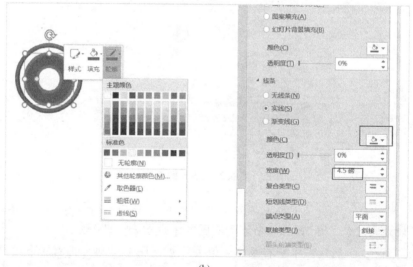

(b)

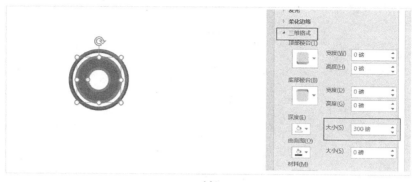

(c)

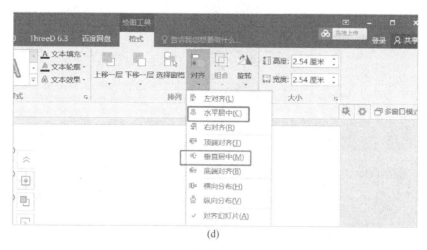

(d)

图 6.23　圆环设置

设置圆环格式后的效果如图 6.24 所示。

图 6.24　设置圆环格式的效果

（13）在 ThreeD 插件中单击页面左上方的"前后"按钮，则切换为前视图，效果如图 6.25 所示。

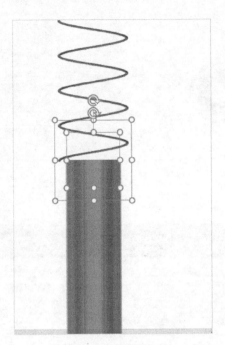

图 6.25　前视图效果

（14）选择线圈，单击 ThreeD 插件中的"底边垂移"并设置底边垂移的距离，即可将线圈外环整体下移，直至调整到与铁芯位置相适应为止，如图 6.26 和图 6.27所示。

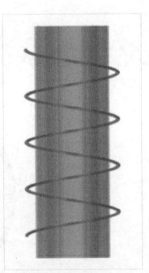

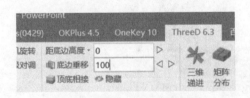

图 6.26　底边垂移及参数设置

图 6.27　底边垂移效果

（15）将底边垂移效果图进行三维旋转。右击图 6.27 中的形状，选择"设置形状格式"→"三维旋转"，设置三维旋转参数如图 6.28 所示。三维旋转后的效果如图 6.29 所示。

图 6.28　设置三维旋转参数

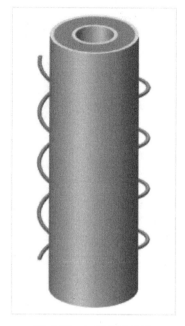

图 6.29　三维旋转效果

（16）在 ThreeD 插件中单击页面左上方的"俯仰"按钮切换到俯视图，再单击"格式"→"组合"→"取消组合"，再次单击"取消组合"（注意需单击"取消组合"两次），如图 6.30 所示。

图 6.30　取消组合

（17）选中所有图形进行组合，组合后的效果如图 6.31 所示。

图 6.31   图形组合后的效果

（18）在 ThreeD 插件中单击"前后"按钮切换到前视图，如图 6.32 所示。

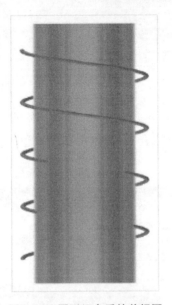

图 6.32   图形组合后的前视图

（19）选中线圈，单击 ThreeD 插件页面上方的"图层重排"按钮，如图 6.33 所示。设置后的效果如图 6.34 所示。

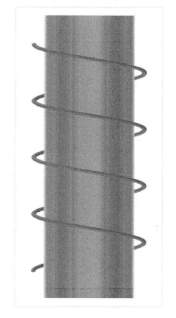

图 6.33 单击"图层重排"　　　　图 6.34 图层重排后的效果

（20）对整个图形进行"三维旋转"设置，使之旋转到电磁圈的背面，查看图形是否有缺陷，如图 6.35 所示。

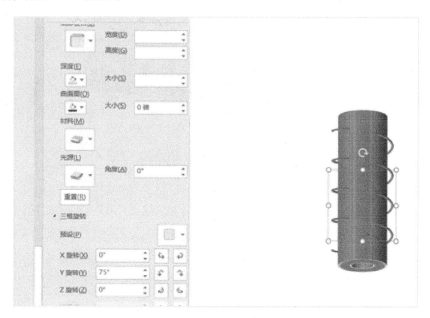

图 6.35 三维旋转设置及效果

（21）单击 ThreeD 插件页面上方的"图层重排"，得到的效果如图 6.36 所示。

图 6.36　图层重排后的效果

（22）将图形旋转到合适的位置，一个电磁圈就做好了，如图 6.37 所示。

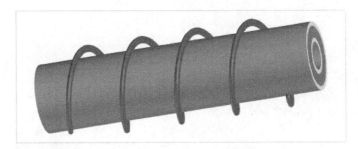

图 6.37　电磁圈的最终制作效果

3．注意事项

（1）在制作步骤（4）中，要注意先选中大圆，按住【Ctrl】键的同时选中小圆。

（2）图层重排是根据组合内各个对象当前与人眼的垂直距离来调整对象的图层上下关系，距离人眼越近，图层越靠上。

（3）图层重排的使用要求：a. 所有对象都处于同一个组合内；b. 该组合添加了三维旋转；c. 组合内不能嵌套组合。

第七单元

Office Timeline

一、简介

Office Timeline 是基于 Web 的图形应用程序，它可以在浏览器中创建漂亮的时间轴和甘特图并导出为 PowerPoint 幻灯片或 PNG 图像。

二、下载与安装

（1）打开浏览器，输入网址 https：// www. officetimeline. com/download 即可进入 Office Timeline 的官网，单击"TRY FREE"即可下载免费版安装包，如图 7.1 所示。

图 7.1 Office Timeline 官网界面

（2）将 Office Timeline 插件安装包进行解压，解压后如图 7.2 所示。

图 7.2 Office Timeline 插件安装程序

（3）双击 Office Timeline 安装程序，安装界面如图 7.3 所示。单击"Next"按钮会弹出安装协议对话框，勾选"I Agree"并单击"Next"按钮，如图 7.4 所示；弹出安装路径对话框，选择文件安装位置后单击 "Next" 按钮继续安装，如图 7.5 所示；安装完成后，单击 "Close" 按钮关闭对话框，如图 7.6 所示。

图 7.3　安装界面

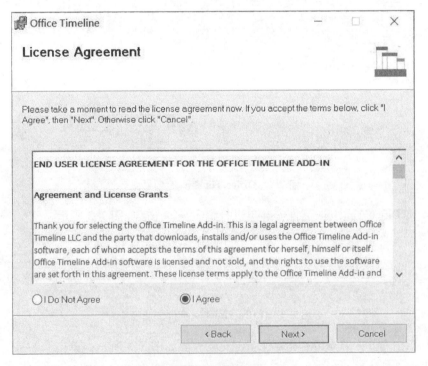

图 7.4　同意协议

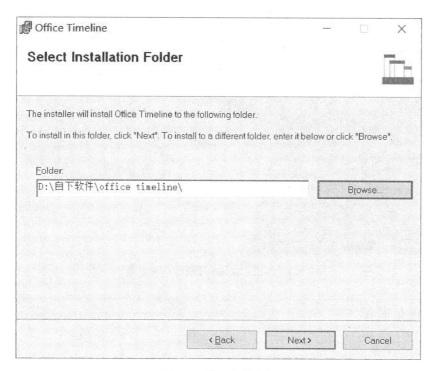

图 7.5　选择安装路径

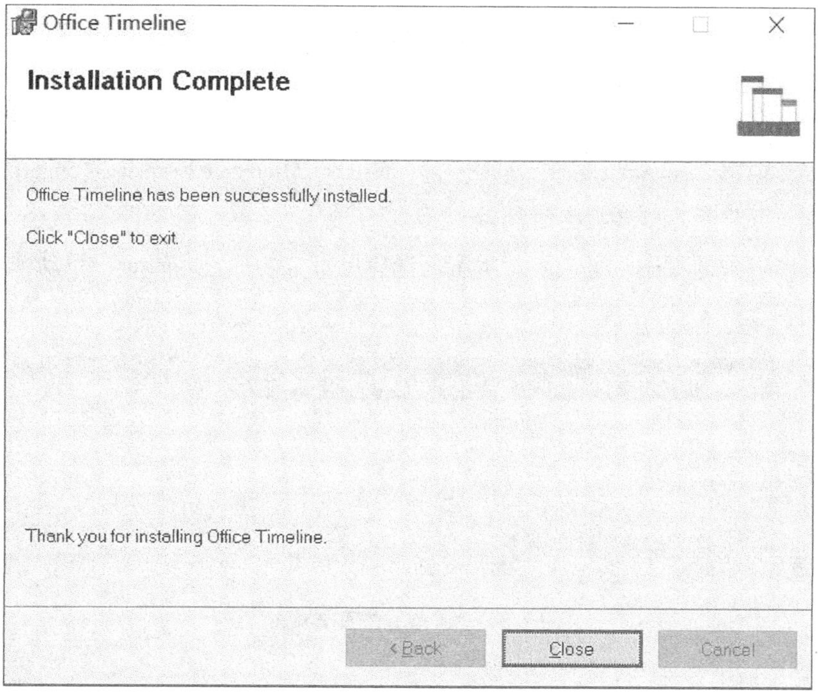

图 7.6　安装完成界面

（4）安装完成后，自动跳出 Office Timeline 插件运行界面，如图 7.7 所示。

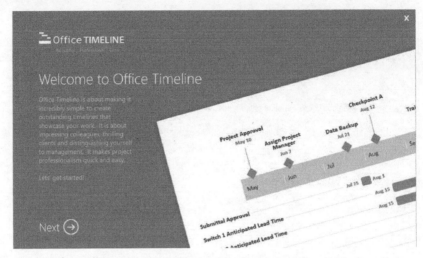

图 7.7 Office Timeline 插件运行界面

三、使用流程

1. 创建一个新的时间轴

Office Timeline 插件可以用 3 种方式来启动新的时间轴，并且所有方式都可以通过图 7.8 所示的"New"选项卡界面完成操作。

第一种，单击"New Timeline"，选择手动输入数据并自定义时间轴。

第二种，单击"Templates"，从应用程序的内置模板库中选择一种预设计的模板，然后使用个人的数据进行更新。

第三种，单击"Import Data"，从 Excel、Wrike、Microsoft Project 或 Smartsheet 中导入现有数据，并将其直接转换为时间轴。

选择其中一种即可进入下一步。本案例选择单击"New Timeline"手动输入数据并自定义时间轴。

图 7.8 "New"选项卡界面

2. 添加或编辑数据

单击图 7.8 中的"New Timeline"后，会呈现图 7.9 所示的界面，该界面提供了多种时间轴的风格和样式。双击打开"Styles"下的"Gantt"风格时间轴，则可得到图 7.10 所示的预览页面。接着单击页面下方的"Use Template"按钮确定选择这一样式后弹出图 7.11 所示的页面，在其"Data"选项卡中不仅可以添加和编辑里程碑（Milestone）或任务（Task），还可以增加时间轴标题（Add Swimlane），并且在该界面所做的所有更新都会立即显示在图 7.11 中箭头所指的实时缩略图视图中，即使"Swimlane Templates"已经提供了更多的样式选项，也可在该页面自定义时间轴。自定义完成后，单击"Create"选项卡生成视觉效果图并可对其进行样式设置。

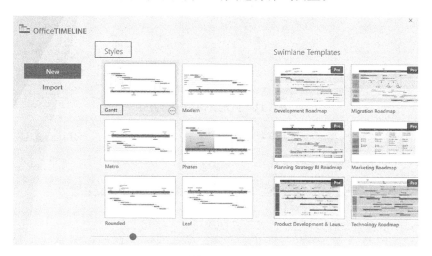

图 7.9　选择时间轴风格页面

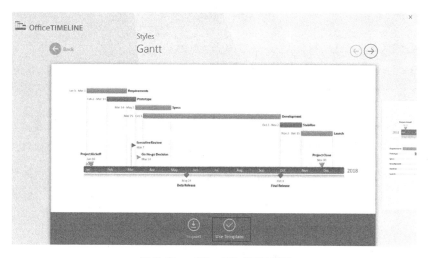

图 7.10　"Gantt"风格页面

图 7.11 自定义时间轴页面

提示：若想快速熟悉并掌握该插件，可单击工具栏中的"Help"选项，再选择"Quick Start Tutorial"选项观看快速入门教程，如图 7.12 所示。

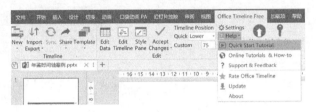

图 7.12 "Help"选项

3. 设定时间线

在 Office Timeline 的"Timeline"选项卡中选择图形上的任何对象，即可在页面右侧弹出其"Task"窗格，如图 7.13 所示。

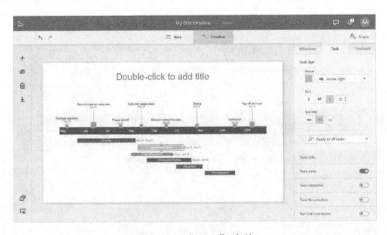

图 7.13 "Task"窗格

"Task"窗格允许用户以多种方式自定义对象的样式，如形状、大小、颜色、位置、文本、日期格式及时间刻度等。用户还可以添加其他内容，如任务持续时间、经过时间，或完成百分比，或隐藏日期和其他详细信息。因此，用户可以准确地获取想要的时间轴。

提示：使用图 7.14 所示的页面左侧栏中的"Change style"按钮，可将插件中的模板应用于任何现有时间轴，并立即更改其总体样式。

图 7.14　"Change style"更改样式按钮

时间轴视图不仅可自定义对象的颜色、形状和其他细节，还可以直接在图形中快速添加、编辑或删除数据，并在幻灯片上添加徽标、标题和脚注。图 7.15 所示为在图形中编辑数据。

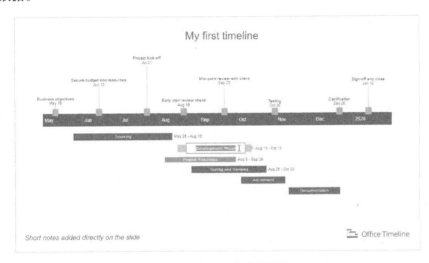

图 7.15　在图形中编辑数据

4. 拖放功能

时间线的拖放功能允许用户调整、重新定位甚至更新时间线上的几乎所有内容，例如拖动里程碑和任务以更改其顺序和大小，或将其移动到时间范围的上方或下方，或者在幻灯片上垂直移动时间带以找到最合适的位置。图 7.16 所示为里程碑位置调整前，使用拖放功能包装标题并调整标题位置后如图 7.17 所示。

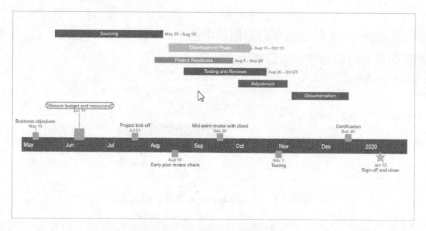

图 7. 16　里程碑位置调整前

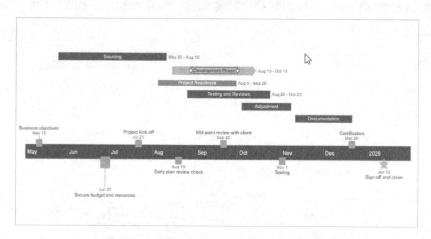

图 7. 17　用拖放功能包装标题并调整位置后

　　提示：使用拖放功能可以在图形中立即更新项目计划或进度表。用户只需水平拖动任务栏或里程碑标记，则自动在时间轴上更改其日期，并在"数据"标签中进行更新。

　　5. 下载为 PowerPoint 幻灯片或 PNG 图像

　　完成时间线的样式设计后，单击页面左侧栏中的"Download"按钮，然后选择所需保存的文件格式，就可以将其下载为 PowerPoint 幻灯片或 PNG 图像，如图 7. 18 所示。

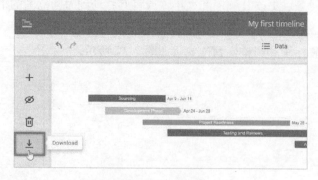

图 7. 18　下载文件

提示：只有注册用户才能将时间轴导出为 PowerPoint 幻灯片。使用免费账户，每个 PPT 最多可以下载 10 个里程碑和任务，而使用 Plus 账户则无限制。

6. 管理用户时间表

注册用户可以轻松地复制、删除、下载、保存其时间线图库中的图像。快速访问"My first timeline"图库，并单击屏幕左上角的小型时间线徽标"Home"，如图 7.19 所示。

图 7.19　"My first timeline"图库

若要选择某一时间轴，可单击其右下角的"选项"图标，如图 7.20 所示，然后选择是否要删除、复制、重命名、下载或共享图形等。

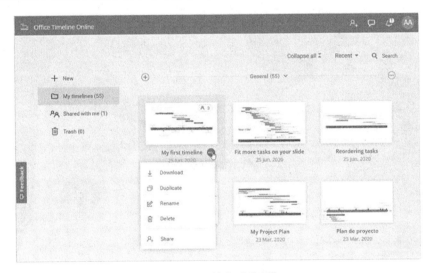

图 7.20　单击"选项"

提示：使用 Office Timeline 插件还可以创建文件夹，在文件夹中可以组织时间表，以便更轻松地查找所需内容。

7. 分享用户时间轴

如果用户希望与他人共享时间轴或在时间轴上进行协作，则可在共享窗口中轻松完成此操作。首先单击屏幕右上角的"Share"按钮，然后选择是通过电子邮件邀请协作者，还是直接创建指向时间轴的链接并将该链接发送给协作者，如图 7.21 所示。

图 7.21　"共享"窗口

四、案例制作

（一）案例：历史年鉴图

1. 效果展示

通过 Office Timeline 插件制作"近代中国反侵略战争"历史年鉴图，其效果如图 7.22 所示。

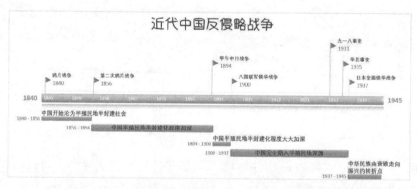

图 7.22　"近代中国反侵略战争"历史年鉴图效果展示

2. 制作步骤

（1）创建一个关于"年鉴时间轴"的 PowerPoint 新文件。

（2）创建一个时间轴。单击"Office Timeline Pro"→"New"，即可创建新的时间轴，如图 7.23 所示。

图 7.23　创建新时间轴

（3）完成数据导入。单击"Import"→"Microsoft Excel"→"Timeline Data. xlsx"，即导入名称为"Timeline Data. xlsx"的 Excel 文件，如图 7.24 所示。

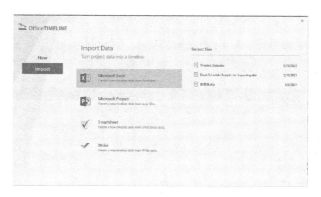

图 7.24　导入 Excel 文件

导入 Excel 文件后，进入"Import from Excel"界面，单击"Next"按钮进入下一项，选中所有 Data，单击"Finish"按钮完成 Excel 文件的导入，最终形成图 7.25 所示的时间轴效果。

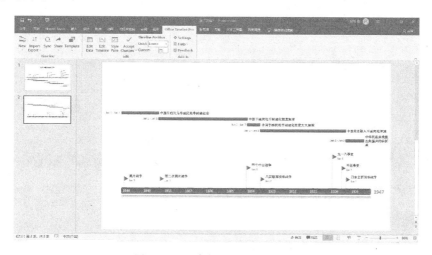

图 7.25　历史年鉴数据导入效果

（4）调整时间轴格式。单击页面上方工具栏中的"Style Pane"，在页面右侧出现小工具栏，选中时间轴上的数字，如日期"Jan 2"，单击"Date Format"按钮进入修改页面，即可修改日期格式，再单击"Apply to all"，如图 7.26 所示。

图 7.26 修改日期格式

在弹出的对话框中的"Select date format"选项下选择"1900",如图 7.27 所示,可将最初的日期修改为年份。修改完成后,单击"Apply to all"可完成统一格式的批量修改。日期格式修改完成后的效果如图 7.28 所示。

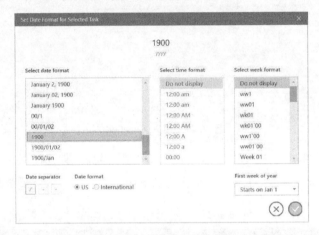

图 7.27 日期格式修改界面

图 7.28 日期格式修改完成效果

(5)选择图形颜色。单击页面上方工具栏中的"Data",选择"T/M",单击旗帜图案(▶)后可选择红色,如图 7.29 所示。

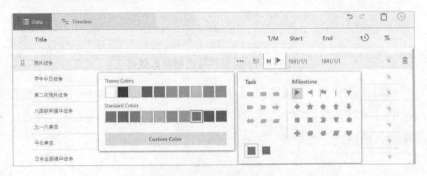

图 7.29 选择旗帜颜色

旗帜颜色修改完成后，单击"Apply to all"可完成颜色的批量修改，如图 7.30 所示。

图 7.30　颜色批量修改

（6）调整图形位置。选中图形，单击页面上方工具栏中的"Style Pane"，则在页面右侧出现图形位置调整工具栏，如图 7.31 所示 。选中时间轴中的"Task"，进入"Task Options"，选择"Position"的样式（如第 3 个图标），即可将图形中的标题框居中放置。若选择"Task Position"下面的"Above"或"Below"按钮，则可将整个图形放置在时间轴的上方或下方。本案例中是将图形整个放置在时间轴的下方，故勾选了"Below"，其效果如图 7.32 所示。

图 7.31　图形位置调整工具栏

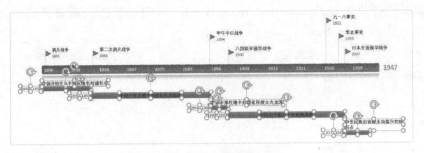

图 7.32　图形位置调整效果

（7）对图形进行整体调色并添加标题，"近代中国反侵略战争"历史年鉴图就完成了（见图 7.22）。

（二）案例：教师工作计划图

1. 效果展示

通过 Office Timeline 插件制作"教师工作计划图"，其效果如图 7.33 所示。

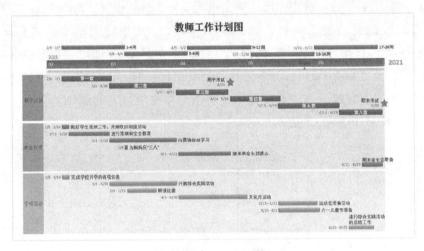

图 7.33　教师工作计划图效果展示

2. 制作步骤

（1）创建一个关于"教师工作计划"的 PowerPoint 新文件。

（2）创建一个时间轴。单击"Office Timeline Pro"→"New"，如图 7.34 所示，即可创建新的时间轴。

图 7.34　创建新时间轴

（3）完成数据导入。单击"Import"→"Microsoft Excel"→"Timeline Data. xlsx"，即导入名称为"Timeline Data. xlsx"的 Excel 文件，如图 7.35 所示。

图 7.35　导入 Excel 文件

导入 Excel 文件后，进入 "Import from Excel" 界面，单击 "Next" 按钮进入下一项，选中所有 "Data"，单击 "Finish" 按钮完成 Excel 文件的导入，最终形成图 7.36 所示的时间轴效果。

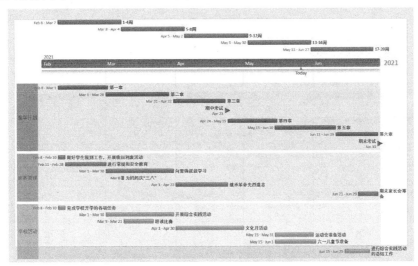

图 7.36　教师工作计划数据导入效果

（4）调整时间轴格式。单击页面上方工具栏中的 "Style Pane"，在页面右侧出现小工具栏，选中时间轴上的数字，如日期 "Apr 5"，单击 "Date Format" 按钮进入修改界面，即可修改日期格式，如图 7.37 所示。

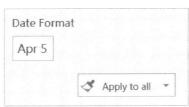

图 7.37　修改日期格式

在"Select date format"选项下选择"4/5",如图 7.38 所示,可将最初的"Apr 5"修改为"4/5"。修改完成后,单击"Apply to all"可完成统一格式的批量修改。日期格式修改完成后的效果如图 7.39 所示。

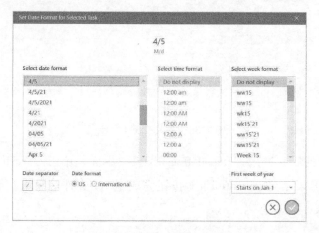

图 7.38　日期格式修改界面

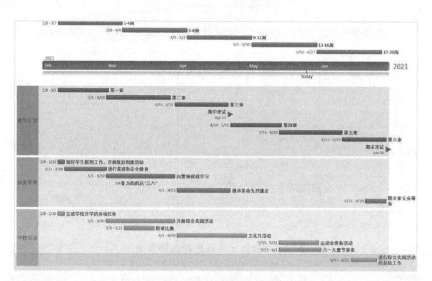

图 7.39　日期格式修改完成效果

(5)选择图形颜色,单击页面上方工具栏中的"Data",选择"T/M",单击五角星图案(★)后可选择红色,如图 7.40 所示。

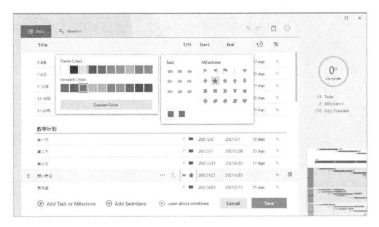

图 7.40　选择五角星颜色

五角星颜色修改完成后，单击"Apply to all"可完成颜色的批量修改，如图 7.41 所示。

图 7.41　颜色批量修改

（6）调整图形位置。选中图形，单击页面上方工具栏中的"Style Pane"，在页面右侧出现图形位置调整工具栏，如图 7.42 所示 。进行所需的调整后，其效果如图 7.43 所示。

图 7.42　图形位置调整工具栏

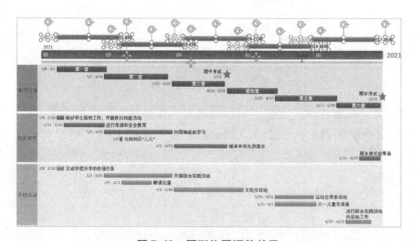

图 7.43　图形位置调整效果

（7）对图形进行整体调色并添加所需文本，"教师工作计划图"就完成了（见图 7.33）。

（三）案例：番茄组织培养实验时间图

1. 效果展示

通过 Office Timeline 插件制作"番茄组织培养实验时间图"，其效果如图 7.44 所示。

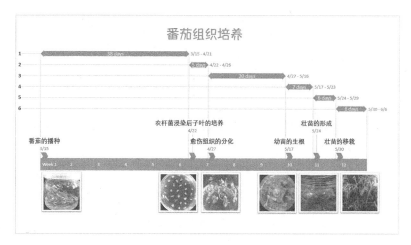

图7.44　番茄组织培养实验时间图效果展示

2. 制作步骤

（1）创建一个关于"番茄组织培养实验时间图"的PowerPoint新文件。

（2）创建一个时间轴。单击"Office Timeline Pro"→"New"，如图7.45所示。

图7.45　创建新时间轴

（3）完成数据导入。单击"Import"→"Microsoft Excel"→"Timeline Data. xlsx"，即导入名称为"Timeline Data. xlsx"的Excel文件，如图7.46所示。

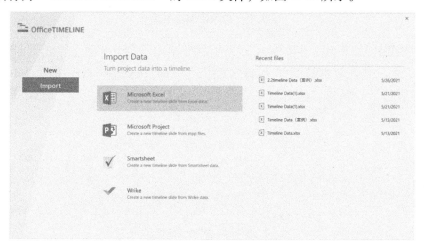

图7.46　导入Excel文件

导入Excel文件后，进入"Import from Excel"界面，单击"Next"按钮进入下一项，选中所有"Data"，单击"Finish"按钮完成Excel文件的导入，最终形成图7.47所示的时间轴效果。

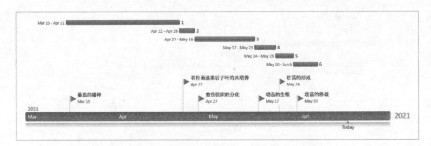

图 7.47 番茄组织培养时间数据导入效果

（4）修改时间轴格式。单击页面上方工具栏中的"Timeline"→"Template"→"Apply Daily Schedule template"可对时间轴格式进行修改，如图 7.48 所示。

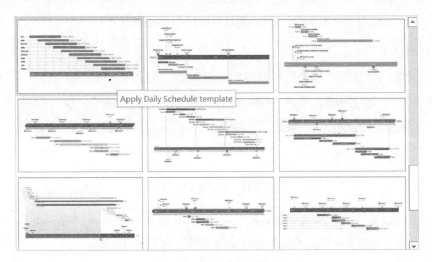

图 7.48 修改时间轴格式

（5）调整时间轴格式。单击页面上方工具栏中的"Style Pane"，在页面右侧出现"Timeline Scale"小工具栏，选中时间轴中的月份，将 Timeline Scale 中的"Months"修改为"Weeks"，如图 7.49 所示。

图 7.49 将"Months"改为"Weeks"

选中时间轴上的日期，单击"Date Format"进入修改界面，即可修改日期格式。在"Select date format"选项中选择"3/15"，如图 7.50 所示，可将最初的"Mar 15"修改为"3/15"的格式。修改完成后，单击"Apply to all"可完成统一格式的批量修改。

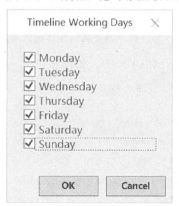

图 7.50　日期修改界面

设置实验有效分割时间为"28 days"。单击"Timeline Working Days"，此插件默认勾选"Monday"至"Friday"，根据实验需求将"Saturday"和"Sunday"也勾选上，再单击"OK"按钮，如图 7.51 所示。日期格式修改完成后的效果如图 7.52 所示。

图 7.51　设置"Timeline Working Days"

图 7.52　日期格式修改完成效果

（6）插入所需图片。单击图 7.53 所示的页面上方工具栏中的"插入"→"图片"，其效果如图 7.54 所示。

图 7.53　插入番茄组织培养图片

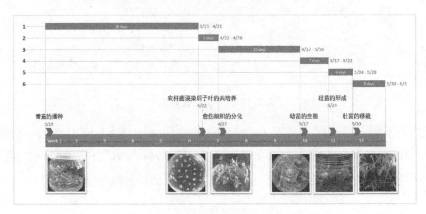

图 7.54　插入番茄组织培养图片效果

（7）修改图形颜色。单击时间间隔的长方形块，在页面右侧工具栏"Task Shape"下方选择绿色，可把原本的灰色更换为绿色，如图 7.55 所示。

图 7.55　图形颜色修改界面

颜色修改完成后，单击"Apply to all"可完成统一格式的批量修改，如图 7.56 所示。

图 7.56　颜色批量修改

（8）选中时间轴中的"Task"，进入"Task Options"，选择"Position"的样式（如第 3 个图标），如图 7.57 所示，即可将图形中的标题框居中放置。若选择"Task Position"下面的"Below"按钮，则可将整个图形放置在时间轴的下方，如图 7.58 所示。

图 7.57　图形位置调整工具栏

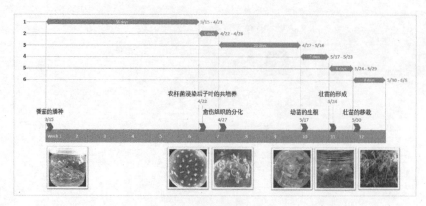

图 7.58　图形位置调整效果

（9）对图形进行整体调色并添加所需文本，"番茄组织培养实验时间图"就完成了（见图 7.44）。

第八单元

PPT 美化大师

一、简介

PPT 美化大师是一款 PPT 软件的美化插件，它为用户提供了大量的 PPT 模板，具有一键美化功能，是办公人士必备的一款 PPT 辅助工具。

提示：PPT 美化大师在使用过程中要保持计算机联网状态，因为美化大师的素材都是从网上即时下载的。

二、下载与安装

PPT 美化大师官网下载地址为 http://meihua.docer.com，安装完成后可在 PPT 工具栏中看到"美化大师"选项卡，如图 8.1 所示。

图 8.1 美化大师插件安装后效果

三、功能布局

在该插件工具栏中单击"设置"按钮下拉菜单，弹出"侧边栏""浮动框""文档标签""新建幻灯片"4 个选项。

1. 侧边栏

勾选"侧边栏"后，页面右侧会显示工具栏的部分功能，如图 8.2 所示。具体操作将在后文进行介绍。

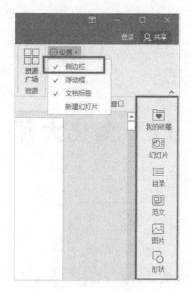

图 8.2　侧边栏

2. 浮动框

勾选"浮动框"后，选中幻灯片中的对象时会弹出浮动框，如图 8.3 所示；若不勾选"浮动框"，在选中对象时不会弹出浮动框。

3. 文档标签

勾选"文档标签"后，窗口中可显示多个幻灯片文档；若不勾选"文档标签"，当前窗口只能展示当前幻灯片文档。

4. 新建幻灯片

勾选"新建幻灯片"后，幻灯片的页面左侧下方会出现一个"+"号，如图 8.4 所示，单击"+"号即可创建一张新的幻灯片。

图 8.3　浮动框

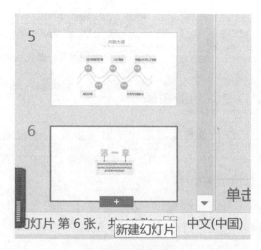

图 8.4　新建幻灯片

四、目录制作

本部分将利用"PPT 美化大师"插件制作高中信息技术必修 1《数据与计算》（教科版）教材的课件。

（一）利用"内容规划"功能菜单制作目录

"内容规划"功能是从整体上规划 PPT 课件目录结构的，在后期课件制作过程中，只要对课件内容进行制作。

页面功能介绍：单击页面最左侧的"垃圾桶"可以删除目录条目；单击页面右侧和最下方的"+"号可以增加目录条目；移动页面右侧"+"号前面的符号可以调整条目顺序。需要注意的是，单击一级标题后的"+"号可在其下方增加一级目录；同理，单击二级标题后的"+"号可在其下方增加二级目录。

1. 操作步骤

（1）单击美化大师"新建"功能区的"内容规划"功能并输入目录内容，单击"完成"按钮，效果如图 8.5 和图 8.6 所示。

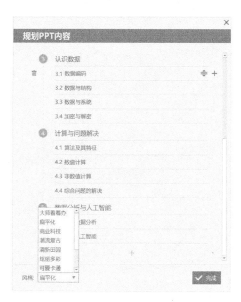

图 8.5　内容规划 1　　　　　　　　　图 8.6　内容规划 2

（2）完成上述操作后，则生成一个自带目录的新 PPT，可以直接查看幻灯片，如图 8.7 所示，也可以在"视图"窗口单击"幻灯片浏览"查看幻灯片版式，如图 8.8 所示。

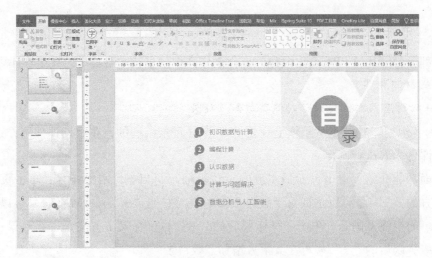

图 8.7 自带目录的幻灯片

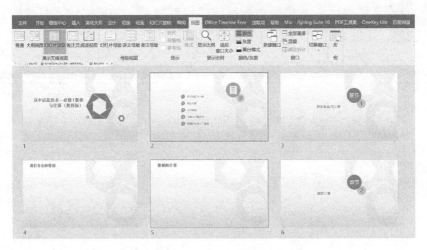

图 8.8 幻灯片浏览

2. 注意事项

（1）"内容规划"命令会生成新的 PPT 文件，即不会在原有的 PPT 文件中产生目录结构。

（2）"内容规划"命令只可在最初设计时规划一次，规划完成后不可以重新规划。由于"内容规划"的执行结果是产生新的 PPT 文件，因此不会对原有的 PPT 文件产生影响。

（3）"内容规划"命令只允许规划到二级目录。

（4）目录中的"增加""移动""删除"指令的对象是用户选择的目录级别。例如：在一级目录（章）处单击"增加"按钮，将在一级目录位置增加一个一级目录；在二级目录处单击"增加"按钮，将在二级目录位置增加一个二级目录。

（二）利用"目录"功能菜单制作目录

页面上"新建"功能区的"内容规划"功能和"目录"功能相似，只不过"目录"功能只能建立一级（层）目录结构，"内容规划"功能可以建立二级（层）目录结构。若对"目录"功能生成的目录不满意，可以进行修改。

1. 操作步骤

（1）单击美化大师"新建"功能区的"目录"功能，在窗口左侧单击"下一页"按钮可以浏览模板，再选中适合的模板。

（2）在窗口右侧单击"取当前页内容"，系统会自动识别当前目录页的内容，可以对其进行增加、删除、修改等操作，如图 8.9 所示。

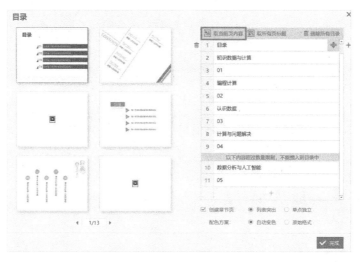

图 8.9　编辑目录

（3）"创建章节页"和"配色方案"的状态为默认设置。若要重新设置目录内容，需单击"删除所有目录"并重新输入内容，如图 8.10 所示。

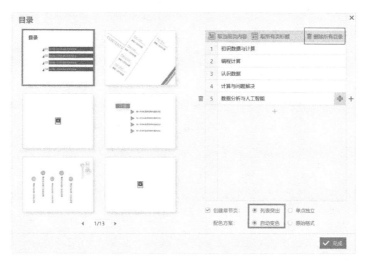

图 8.10　目录效果

2. 关于目录设置的说明

（1）当"创建章节页"的复选框不打钩时，只会创建一张总目录幻灯片，如图 8.11 所示；当该复选框打钩时，会创建一张总目录幻灯片及每条目录所对应的幻灯片。

图 8.11　总目录

（2）"列表突出"功能（"创建章节页"复选框打钩时才有效）：为每条目录创建的对应单独幻灯片中会有其他目录内容，但其他目录以浅色显示，即突出显示本条目录。"自动变色"功能：能根据幻灯片的模板色调自动变色。

同时选择"列表突出"和"自动变色"功能，其使用效果如图 8.12 和图 8.13 所示。

图 8.12　"列表突出""自动变色"效果 1

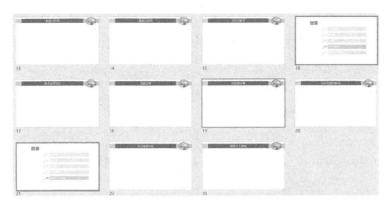

图 8.13　"列表突出""自动变色"效果 2

（3）"单点独立"功能（"创建章节页"复选框打钩时才有效）：为每条目录创建
的单独幻灯片中没有其他目录内容，只有本目录一条。"原始格式"功能：保持原有格
式，不会自动变色。

同时选择"单点独立"和"原始格式"功能，其使用效果如图 8.14 和图 8.15 所示。

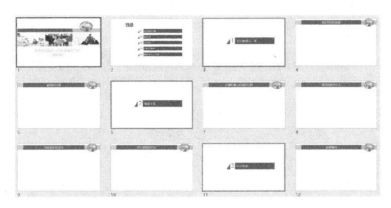

图 8.14　"单点独立""原始格式"效果 1

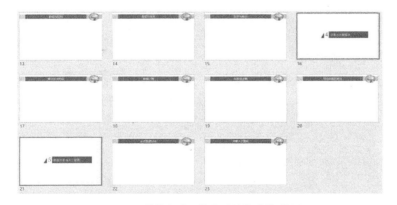

图 8.15　"单点独立""原始格式"效果 2

3．注意事项

（1）目录内容可以直接在幻灯片中修改，但除了所修改的这张幻灯片之外，其他

的幻灯片仍保持原内容不变。

（2）目录的"条目数"在幻灯片中无法增加，若要增加条目数，必须回到"目录"功能操作界面才可以操作。

（3）就目前测试而言，一个 PPT 文档只能使用一种（或单个）目录，选择另一种目录时，会自动替换原有的目录。

（三）利用"幻灯片"功能菜单插入目录

PPT 美化大师提供了"全部幻灯片""目录""章节过渡页""图示""结束页"5 种分类，各分类下还有详细的子分类，可根据需要选择。

1. 操作步骤

（1）单击"新建"功能区的"幻灯片"功能按钮，如图 8.16 所示；在窗口右侧单击"目录"，在窗口左侧下方单击"下一页"按钮可浏览幻灯片模板，如图 8.17 所示，单击即可选中模板。

（2）选中某一幻灯片，右下角会出现"收藏""插入（自动变色）""插入（保留原色）"3 个选择按钮。单击"收藏"按钮如图 8.18 所示，可以在"我的幻灯片"中查看该幻灯片，目录页的个数、色彩都可以根据需求选择。

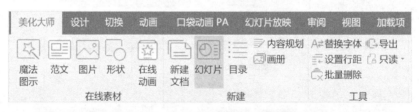

图 8.16　单击"幻灯片"功能按钮

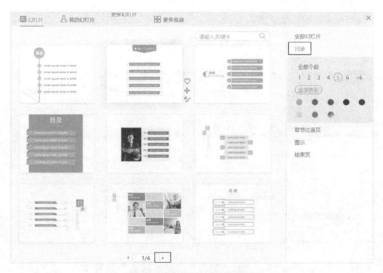

图 8.17　浏览幻灯片模板

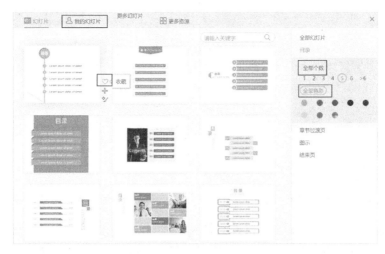

图 8.18　单击"收藏"按钮

（3）在幻灯片中选择自己所需的目录模板，单击"插入（自动变色）"按钮，选择个数"5"（本教材共有 5 个章节），色彩选择为"绿色"，如图 8.19 所示。设置完成后，PPT 文档中会增加一页和原 PPT 主题色（黄色）一致的新目录（目录中可输入5 个标题），效果如图 8.20 所示。按照教材内容进行文字修改，如图 8.21 所示。

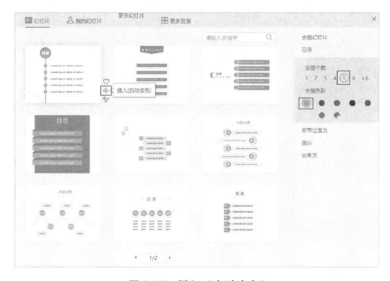

图 8.19　插入（自动变色）

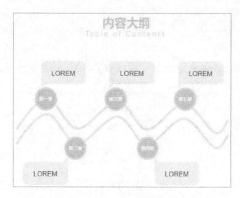

图 8.20　插入（自动变色）效果

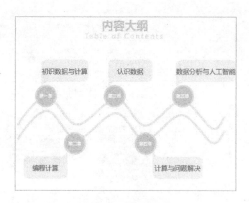

图 8.21　修改文字

如果要制作更加灵活的目录幻灯片，请利用"目录"功能菜单制作目录幻灯片。

（4）单击幻灯片右下角的"插入（保留原色）"按钮，如图 8.22 所示，PPT 文档中会增加一页新目录，效果如图 8.23 所示。按照教材内容进行文字修改，如图 8.24 所示。

图 8.22　插入（保留原色）

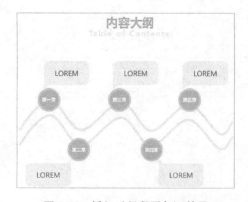

图 8.23　插入（保留原色）效果

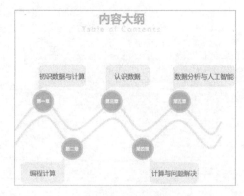

图 8.24　修改文字

2. 注意事项

单击"幻灯片"菜单栏下的"目录"幻灯片，只能创建一张带目录结构（层次）的幻灯片，而使用"新建"菜单栏下的"目录"功能，可一次性创建一套目录幻灯片。

（四）利用"幻灯片"功能菜单插入章节过渡页

插入"章节过渡页"操作步骤如下。

（1）单击"新建"菜单栏下的"幻灯片"按钮，在窗口右侧单击"章节过渡页"，还可以进行模板颜色选择。在窗口左侧单击"下一页"按钮浏览幻灯片模板，单击即可选中模板。

（2）选中某一幻灯片，右下角会出现"收藏""插入（自动变色）""插入（保留原色）"3 个选择按钮。单击"收藏"，可以在"我的幻灯片"中查看该幻灯片（依次单击"新建"→"幻灯片"→"我的幻灯片"即可查看）；也可以在"账户"菜单栏下的"个人收藏"中查看该幻灯片。

（3）在任意一张幻灯片的右下角单击"插入（自动变色）"按钮，如图 8.25 所示，将色彩选择为"绿色"。设置完成后，PPT 文档中会增加一页和原 PPT 主题色（黄色）一致的新过渡页，效果如图 8.26 所示。按照教材内容进行文字修改，效果如图 8.27 所示。

图 8.25　插入（自动变色）

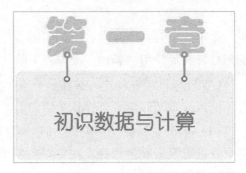

图 8.26　插入（自动变色）效果　　　　　　　图 8.27　修改文字

（4）单击"插入（保留原色）"按钮，PPT 文档中会增加一页新过渡页，效果如图 8.28 所示。按照教材内容进行文字修改，效果如图 8.29 所示。

图 8.28　插入（保留原色）效果　　　　　　　图 8.29　修改文字

（5）其他章节过渡页的制作，请参考以上步骤。

（五）利用"幻灯片"功能菜单插入结束页

在文档的最后插入结束页，其操作步骤如下。

（1）单击"新建"菜单栏中的"幻灯片"，在窗口右侧单击"结束页"按钮，对话框提供了"谢谢""提问质疑""信息页"3 种关系，也可以对模板进行颜色选择；在窗口左侧单击"下一页"按钮可以浏览幻灯片模板，单击即可选中模板。

（2）选中某一幻灯片，右下角会出现"收藏""插入（自动变色）""插入（保留原色）"3 个选择按钮。单击"收藏"，可以在"我的幻灯片"中查看该幻灯片（依次单击"新建"→"幻灯片"→"我的幻灯片"即可查看）；也可以在"账户"菜单栏下的"个人收藏"中查看该幻灯片。

（3）单击图 8.30 中的"插入（自动变色）"按钮，将色彩选择为"绿色"，则 PPT 文档中会增加一页和原 PPT 主题色一致的新结束页，仍然为黄色，效果如图 8.31 所示，可根据需要进行文字修改。若单击"插入（保留原色）"按钮，PPT 文档中会增加一页新结束页，效果如图 8.32 所示。同样，可根据需要进行文字修改。

图 8.30　插入（自动变色）

图 8.31　插入（自动变色）效果

图 8.32　插入（保留原色）效果

五、内容制作

在完成目录制作的基础上，继续制作高中信息技术必修 1《数据与计算》（教科版）教材各章节的教学内容。

（一）插入图片

PPT 美化大师提供了"全部图片""人物""用品工具""设备器材""生活文化""行业领域""文化艺术""节日庆祝""自然地理""图标图形""海量图片" 11 种分类，各分类下还有详细子分类，可根据需要进行选择，操作步骤如下。

（1）单击"插入图片"按钮，在页面右侧选择"设备器材"→"笔记本"会出现很多笔记本图片，如图 8.33 所示。

图 8.33　插入图片

（2）选中某一张图片，在其右下角单击"收藏"，可以在"我的图片"中查看该图片（依次单击"在线素材"→"图片"→"我的图片"即可），如图 8.34 所示；也可以在"账户"菜单栏下的"个人收藏"中查看该图片。

图 8.34　我的图片

（3）插入图片后的效果如图 8.35 所示。

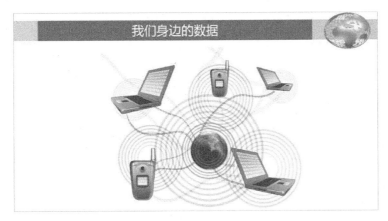

图 8.35　插入图片效果

（4）单击图片右上角的"+"号展开工具栏，单击"翻转"按钮会弹出"水平翻转""垂直翻转""转存 JPG"和"转存 PNG"4 种形式，如图 8.36 所示。这里选择"水平翻转"，效果如图 8.37 所示。

图 8.36　单击"翻转"

图 8.37　图片水平翻转效果

（5）单击图片右上角的"+"号展开工具栏，单击"对象格式"按钮（见图 8.38），会在页面右侧出现"设置图片格式"功能区。

图 8.38   "对象格式"按钮

　　本案例对图片的高度、宽度、水平位置、垂直位置进行了设置，如图 8.39 和图 8.40 所示。

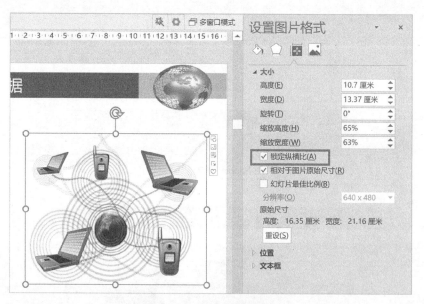

图 8.39   图片原始参数

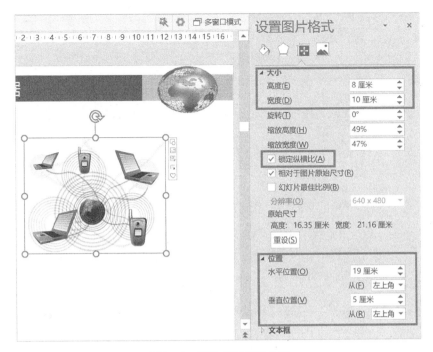

图 8.40　图片修改后的参数

（二）字体替换

字体替换的操作步骤如下。

（1）在幻灯片页面插入文字，不进行任何排版和修改，如图 8.41 所示。

图 8.41　在幻灯片中插入文字

（2）单击"工具"菜单栏中的"字体替换"，范围选择"当前所选页"，对象选择"正文框"和"文本框"，字体选择"全部字体"替换为"仿宋"，字号为固定大小 20 磅，其他为"粗体"，单击"确定"按钮，如图 8.42 所示。

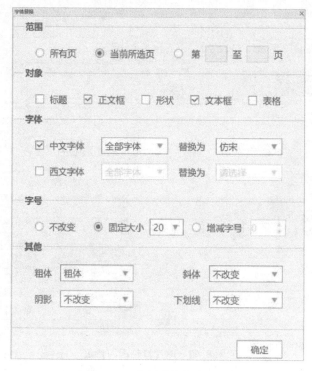

图 8.42　字体替换参数设置

（3）字体替换后的效果如图 8.43 所示。

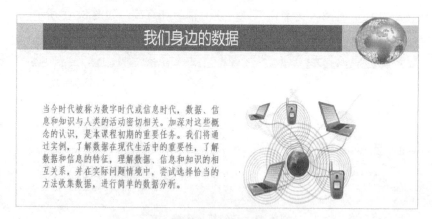

图 8.43　字体替换后的效果

（三）设置行距

设置行距操作步骤如下。

（1）单击"工具"菜单栏中的"设置行距"，范围选择"当前所选页"，对象选择"正文框"和"文本框"，对齐更改为"左对齐"，间距设为"1.5 倍行距"，单击"确定"按钮，如图 8.44 所示。

图 8.44　设置行距参数

（2）设置行距后的效果如图 8.45 所示。

图 8.45　设置行距后的效果

（四）插入形状

现有一个写法不规范的分段函数，如图 8.46 所示，想要进行规范化修改，操作步骤如下。

图 8.46　需修改的分段函数

（1）单击"在线素材"菜单栏中的"形状"，在页面右侧单击"公式符号"→"数学"，可在页面左侧选择需要的公式形状，如图 8.47 所示。单击该形状后，其右下角会出现"收藏""插入形状"两个选择按钮。

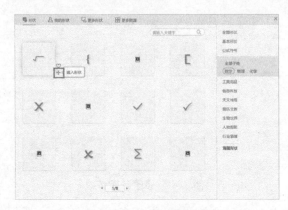

图 8.47　插入公式形状

（2）单击"收藏"，可以在"我的形状"中查看该公式形状（依次单击"在线素材"→"形状"→"我的形状"即可）；也可以在"账户"菜单栏中的"个人收藏"中查看该公式形状，如图 8.48 所示。

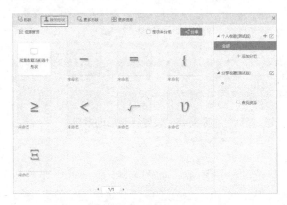

图 8.48　我的形状

（3）按照规范插入符号后的效果如图 8.49 所示。

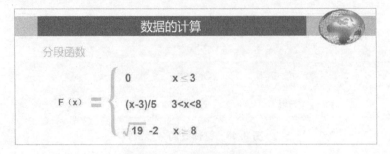

图 8.49　修改后的分段函数

（4）更多资源

单击"在线素材"菜单栏中的"更多资源"，可跳转到"美化大师资源广场"页面，如图 8.50 所示。

图 8.50　美化大师资源广场

页面左侧"热门标签"菜单下有"通用""行业""人物""物品""工作""生活""美食""地图""动植物""建筑""特效""标志"12 个子分类，可根据需要选择合适的图片，如图 8.51 所示。

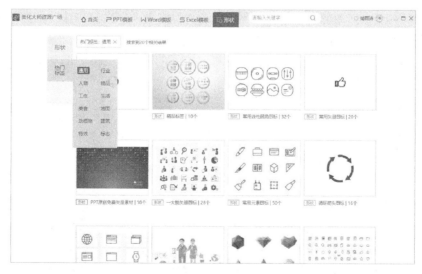

图 8.51　热门标签

（五）其他章节内容制作

按照以上操作步骤，结合信息技术教材知识点和各章节案例制作的具体内容制作其他章节，其效果这里不再展示。

（六）其他功能

在 PPT 制作过程中，如需寻找更多的可用素材，可到"美化大师资源广场"查找资源；"范文"为用户提供了更多可借鉴的完整 PPT 课件。具体如下。

1. 美化大师资源广场

美化大师提供了"策划方案""项目管理""教育教学""生活""行政管理""人事管理""销售管理""党团工作"8 个资源分类。

2. 范文

美化大师提供了"全部范文"以及"财务会计""仓储购销""策划宣传""党政机关""法律文书""行政人事""计划总结""教育培训""节日庆典""求职职场""分析报告""销售市场""其他用途"13 个范文分类，各分类下还有详细子分类，可根据需要选择后进行修改。单击某一范文模板后，其右下角会出现"收藏"按钮或预览窗口，可收藏和预览本模板中所有的幻灯片。若想应用该范文则单击其右下角的"+"号打开；反之，单击"返回"。如果在范文分类中找到与自己所做的 PPT 内容相似的范文，将其调出来使用，可节省 PPT 制作时间。

六、美化

这部分将在上述 PPT 内容制作的基础上，介绍如何对 PPT 内容进行美化。

（一）画册制作

PPT 美化大师提供了"全部画册""企业团队""青春校园""浪漫爱情""时尚写真""旅游风景""贡献排行榜"7 个画册分类，可根据需要进行选择，如图 8.52 所示。

图 8.52　画册分类

画册制作的操作步骤如下。

（1）单击"新建"菜单栏中的"画册"，在页面右上角单击"+"号并在本地电脑中选择图片插入，用以替换页面左边原画册中的图片，如图 8.53 和图 8.54 所示。

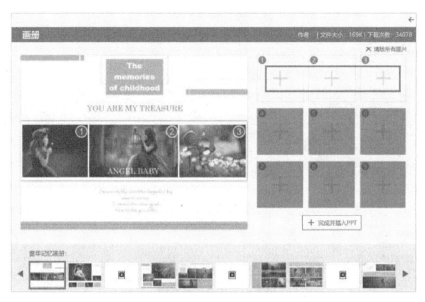

图 8.53　单击"+"号

图 8.54　选择本地电脑图片

（2）插入图片后的效果如图 8.55 所示。

图 8.55　插入图片效果

（3）对页面标题、文本框中的文字进行修改，如图 8.56 所示。

图 8.56　修改文字

（4）对当前页面文字进行"字体替换"和"设置行距"操作。

① 对标题文字进行修改。单击"工具"菜单栏中的"字体替换"，范围选择"当前所选页"，对象选择"标题"，字体选择"全部字体"替换为"黑体"，字号为固定

大小 36 磅，其他为"粗体"，单击"确定"按钮，如图 8.57 所示。

  ② 对正文文字进行修改。单击"工具"菜单栏中的"字体替换"，范围选择"当前所选页"，对象选择"正文框"和"文本框"，中文字体选择替换为"仿宋"，西文字体选择替换为"Times New Roman"，字号为固定大小 18 磅，其他为"粗体"，单击"确定"按钮，如图 8.58 所示。

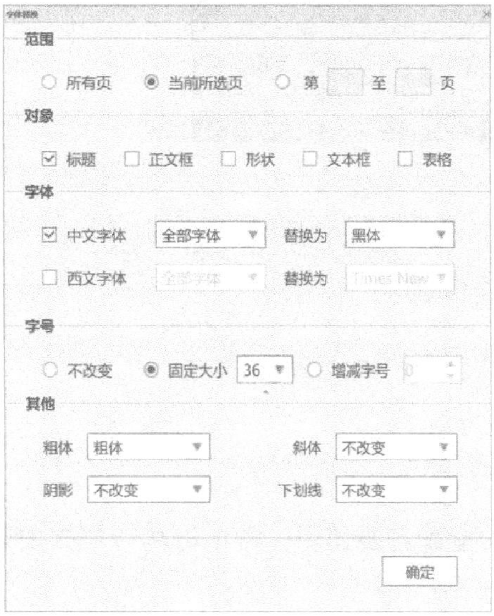

图 8.57 标题文字字体替换

图 8.58 正文文字字体替换

  ③ 对页面文字设置行距。单击"工具"菜单栏中的"设置行距"，范围选择"当前所选页"，对象选择"正文框"和"文本框"，对齐选择"左对齐"，间距选择"1.5 倍行距"，单击"确定"按钮，如图 8.59 所示。

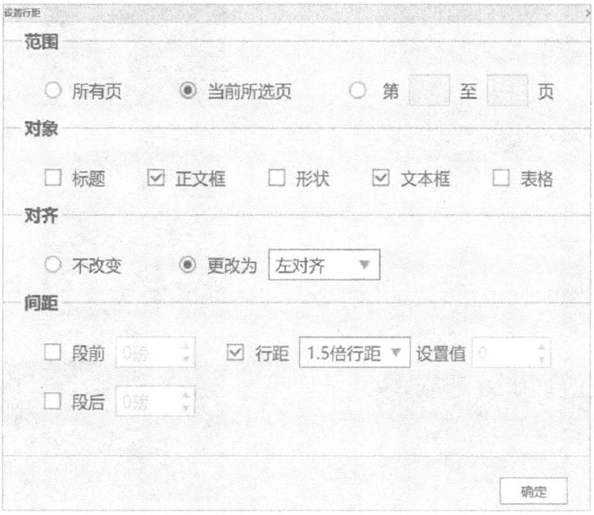

图 8.59 设置行距

（5）画册排版美化后的效果如图 8.60 所示。

图 8.60　画册美化效果

（二）口袋动画

"口袋动画"为用户提供了丰富的动画交互功能，若要使用，需单击跳转链接安装"口袋动画"插件，其功能页面如图 8.61 和图 8.62 所示。

图 8.61　动画盒子

图 8.62　添加动画

在"个人设计库"中单击"动画盒子"，在"分类"中选择"酷炫片头"，选择想要的片头后单击"下载应用"按钮，如图 8.63 所示。下载完成后将弹出图 8.64 所示的界面，单击窗口最下方的"点击预览"即可以查看此片头。

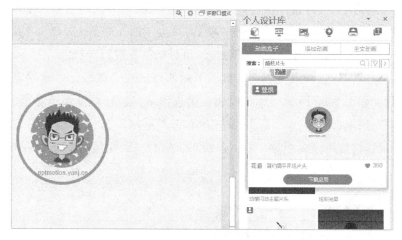

图 8.63　酷炫片头

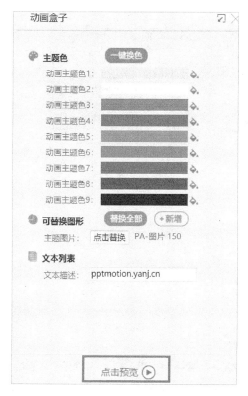

图 8.64　动画预览

（三）修饰

1. 更换背景

（1）背景模板

PPT 美化大师提供了背景模板并显示各模板的首页幻灯片，包括"扁平化""商业科技""潮流复古""清新田园""炫丽多彩""可爱卡通""节日庆典""其他主题"8种模板主题分类，各分类下还有详细子分类，可根据需要进行选择。

将鼠标光标放在任意背景模板上，其右下角即可出现"收藏""套用至当前文档"两个选择按钮，如图 8.65 所示。单击模板会出现预览窗口，可以预览本模板所有的幻灯片，不想应用该模板时单击预览页面左上角的"返回"按钮，则可退出预览页面，如图 8.66 所示；想应用该模板时，单击模板右下角的"套用至当前文档"即可。

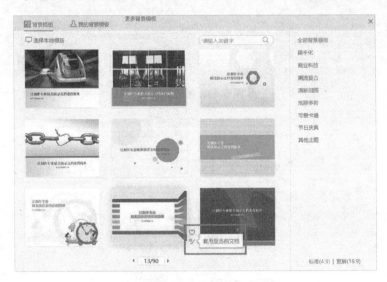

图 8.65　背景模板

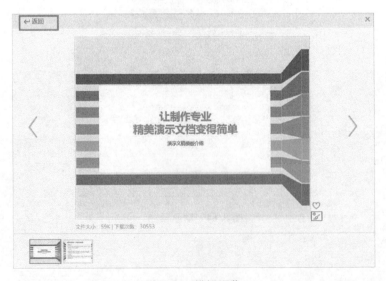

图 8.66　模板预览

在背景模板页面右侧主题分类下可以选择不同颜色，还可在页面右下角设置背景长宽比，如"标准（4∶3）"或"宽屏（16∶9）"，如图 8.67 所示。

图 8.67 背景颜色及长宽比

也可以单击"选择本地模板"从本地电脑已有的 PPT 模板中选择合适模板，如图 8.68 所示。

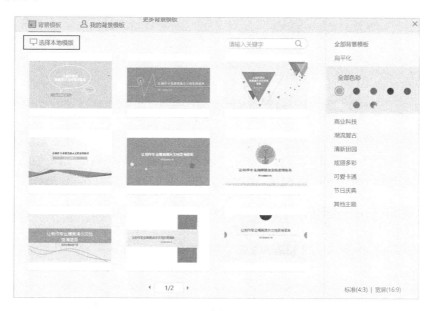

图 8.68 选择本地模板

应用模板后，在页面左侧幻灯片上右击选择"新建幻灯片"，如图 8.69 所示；添加幻灯片后的效果如图 8.70 所示。

图 8.69　新建幻灯片

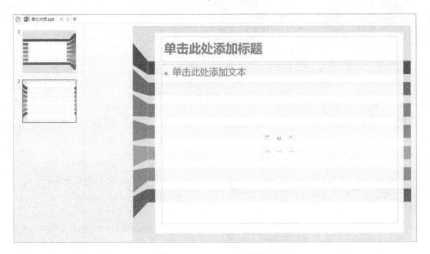

图 8.70　添加幻灯片效果

（2）我的背景模板

在"背景模板"中单击模板右下角的"收藏"按钮，则收藏的 PPT 模板会展示在"我的背景模板"选项卡中，如图 8.71 所示。

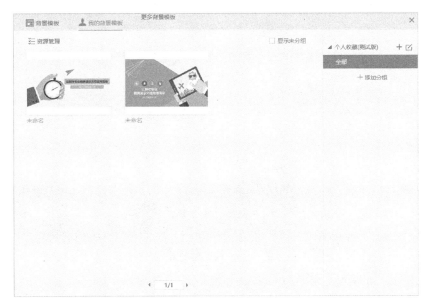

图 8.71　我的背景模板

2. 美化魔法师

单击该插件"美化"区域的"魔法换装"功能按钮，如图 8.72 所示，将会自动换一个模板，换装过程如图 8.73 所示。若换装效果不满意，可以继续单击"魔法换装"按钮，直到满意为止。

需要注意的是，在使用"美化魔法师"时要将计算机联网，否则会出现"链接失败"提示，如图 8.74 所示。换装后的效果如图 8.75 所示。

图 8.72　"魔法换装"按钮

图 8.73　换装过程

图 8.74　"链接失败"提示

图 8.75　换装后的效果

3. 图示魔法师

当选中某一张幻灯片时，"图示魔法师"功能则单独应用于该张幻灯片；若未选中幻灯片，系统会弹出图 8.76 所示的提示框，用于提示选择幻灯片。图 8.77 所示为魔法师正在更换图示过程。

本案例中选中第二张幻灯片进行演示，单击"图示魔法师"功能按钮，则自动增加一张图 8.78 所示的幻灯片，如对该幻灯片效果不满意，可以继续单击"图示魔法师"直到满意为止，如图 8.79 所示。

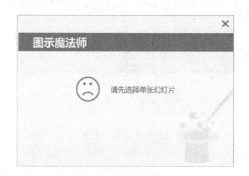

图 8.76　提示框

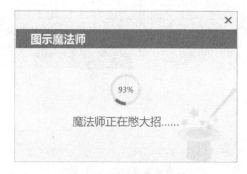

图 8.77　更换图示过程

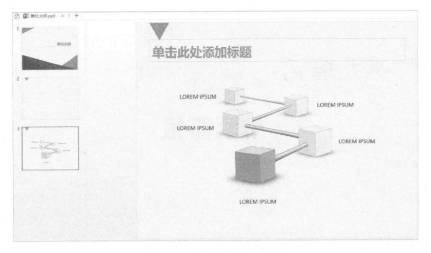

图 8.78　图示魔法师效果 1

图 8.79　图示魔法师效果 2

第九单元

小顽简报

一、简介

小顽简报是一款功能强大的插件，且实用性强，能极大地提高 PPT 制作效率，并且有不少独家功能。

二、下载与安装

小顽简报的下载地址为 https：// www. aboutppt. com/sites/8407. html，安装包里含有安装教程，此处不再赘述。

三、案例制作：绘制螺旋测微器

1. 效果展示

利用小顽简报绘制螺旋测微器，绘制完成后的图形效果如图 9.1 所示。

图 9.1　螺旋测微器图形效果展示

2. 制作步骤

（1）首先在"简报"工具栏中选择"形状"→"矩形"，再在幻灯片页面单击鼠标并拖动画出一个细长的矩形，如图 9.2 所示。

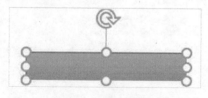

图 9.2　插入矩形

（2）在画出的矩形左侧再画一个矩形，并调整位置，如图9.3所示。

图9.3 第二个矩形位置

（3）选中左侧矩形，在"简报"工具栏中依次单击"形状"→"编辑顶点"，如图9.4所示。操作完成后，左侧矩形如图9.5所示。

图9.4 编辑顶点

图9.5 编辑顶点效果

（4）将鼠标移至该矩形左侧边框中点处右击，可进行顶点编辑。在弹出的选项框中单击"添加顶点"，可为矩形的左侧边框添加一个顶点，如图9.6所示。添加顶点后，矩形左边框增加了一个顶点，如图9.7所示。

图9.6 添加顶点

图9.7 添加顶点效果

（5）将矩形的左下角顶点向外拖出，效果如图9.8所示。

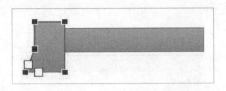

图 9.8　向外拖出顶点

（6）选中之前添加的顶点，将该点下方的白色操控杆向右拖动，用以调整左侧边框的形状，如图 9.9 和图 9.10 所示。

图 9.9　调整白色操控杆前

图 9.10　调整白色操控杆后

（7）观察并调整好左侧边的形状，单击页面其他位置退出"编辑顶点"功能，如图 9.11 所示。

图 9.11　退出"编辑顶点"功能

（8）在"简报"工具栏中选择"形状"→"○"形，按住【Shift】键的同时单击鼠标左键并拖动，在已画好的矩形下方创建一个正圆形，如图 9.12 所示。

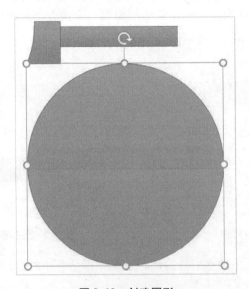

图 9.12　创建圆形

（9）选中该圆形，在"简报"工具栏中选择"四次元口袋"下的"等分图形"功能，如图 9.13 所示。

图 9.13　等分图形

（10）在弹出的设置框中选择"2"行、"2"列，如图 9.14 所示，单击"确定"按钮，则正圆形相应地变为图 9.15 所示的效果。

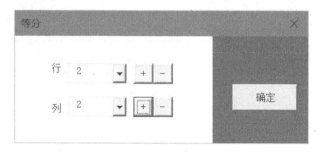

图 9.14　"等分图形"设置框

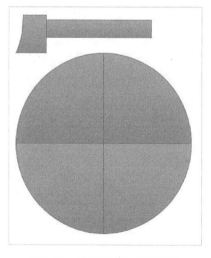

图 9.15　将圆形等分后的效果

（11）删除圆形等分后上方的两个扇形并选中下方的两个扇形，依次单击"简报"工具栏中的"布尔"→"结合形状"，将下方两个扇形结合为一个整体，如图 9.16 和图 9.17 所示。

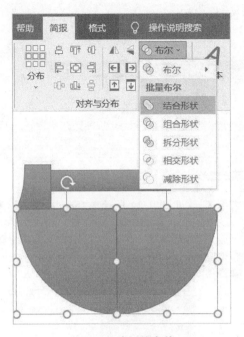

图 9.16　扇形结合前

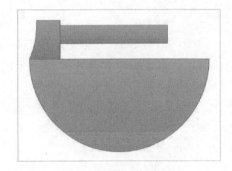

图 9.17　扇形结合后

（12）再画一个直径小一些的圆形，更改其轮廓颜色为"白色，无轮廓"，并用上述同样的方法将其等分，删除上方的两个扇形，再次使用"布尔"下拉菜单中的"结合形状"将下方两个扇形结合为一个整体。先选中大的半圆，再选中小的半圆，使用"布尔"下拉菜单中的"减除形状"从大半圆中将小半圆减去，如图 9.18 和图 9.19所示。

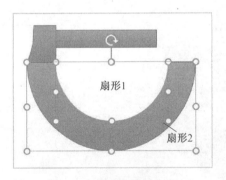

图 9.18　圆环部分结合前

图 9.19　圆环部分结合后

（13）在半圆弧的右端上方绘制一个小矩形，如图 9.20 所示。

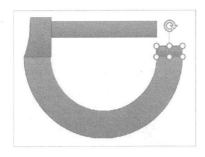

图 9.20　绘制矩形

（14）再次单击"简报"工具栏中的"形状"→"编辑顶点"功能（这里无须添加顶点），通过调整矩形右上角的顶点位置和右下角顶点的方向操纵杆，即可将该矩形调整为图 9.21 所示的样子。

图 9.21　调整矩形形状

（15）在画好的图形右上方（调节功能区域）再绘制一个矩形，位置和大小如图 9.22 所示。

图 9.22　绘制调节功能区域矩形

（16）在上述图形的右侧（刻度区域）再画一个小矩形，位置和大小如图 9.23 所示。

图 9.23　绘制刻度区域矩形

（17）在上述图形的右侧用梯形、矩形、圆顶角矩形拼出图 9.24 所示的部分（手柄区域）。

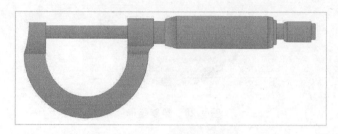

图 9.24　绘制手柄区域图形

（18）单击"形状"，选择下拉菜单"流程图"中的"延期"形状，如图 9.25 所示，并将其位置和大小调整为图 9.26 所示的样子。

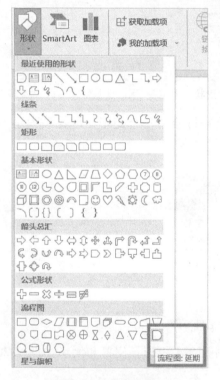

图 9.25　选择形状

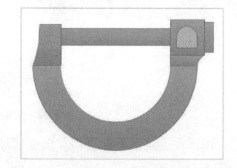

图 9.26　使用"延期"形状绘制后的效果

（19）在"延期"形状中绘制一大一小两个圆，并用第（12）步所使用的方法从大圆中减去小圆，便做成了一个圆环，如图 9.27 所示。

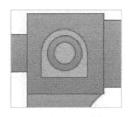

图 9.27　绘制圆环

（20）在圆环内外分别添加小矩形并调整矩形位置；同时选中圆环和两个小矩形，使用"布尔"下拉菜单中的"结合形状"将其组合为一个整体即可，如图 9.28 所示。

图 9.28　结合形状后的效果

（21）在手柄处绘制两个矩形，并将其轮廓颜色设置为"纹理-新闻纸，无轮廓"，效果如图 9.29 所示。

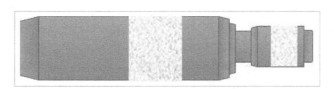

图 9.29　在手柄区域绘制纹理

（22）在螺旋测微器的固定刻度矩形上绘制一条短线，颜色设置为"黑色"，粗细设置为"1.5 磅"，如图 9.30 所示。

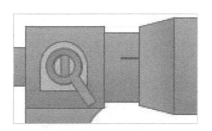

图 9.30　绘制刻度线

（23）在上一步绘制的短线下绘制一条与之垂直的短线，颜色设置为"黑色"，粗细设置为"0.75 磅"，并创建文本框输入数字"0"，如图 9.31 所示。

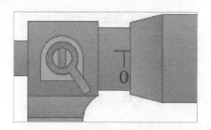

图 9.31   画出"0"刻度线

（24）利用同样的方法在螺旋测微器可动刻度上绘制刻度线，如图 9.32 所示。

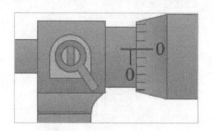

图 9.32   绘制可动刻度线

（25）选中所有已绘图形，右击选择"组合"，如图 9.33 所示。图形组合完成后即得到螺旋测微器的图形，如图 9.34 所示。

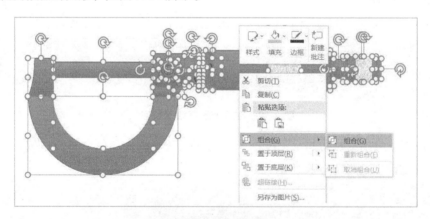

图 9.33   组合图形前

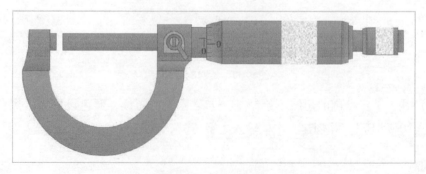

图 9.34   组合图形后

四、其他功能介绍

1. 智能缩放

通常情况下，对文本框或色块进行缩放时，文本框或色块里面的字号、圆角、线宽等多种参数无法实现同步缩放，需要一个一个去调整，这样极其不方便。而在小顽简报插件中勾选想要缩放的对象可以实现一键同步缩放，还可以自动修改字号、线宽和控点等参数。

另外，小顽简报的缩放功能比 PPT 软件自带的缩放功能效果更好。图 9.35 所示为利用 PPT 自带的缩放功能操作的效果，每个元素都根据自身的中心点独立进行缩放，导致图形变形。图 9.36 所示为利用小顽简报缩放的效果，可选中多个元素或者元素的组合，进行多个参数同步缩放调整。

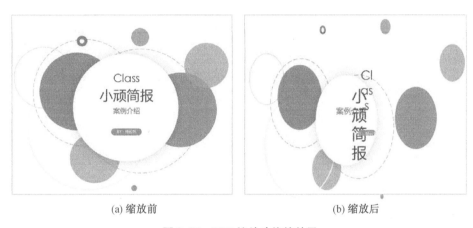

(a) 缩放前　　　　　(b) 缩放后

图 9.35　PPT 缩放功能的效果

图 9.36　小顽简报智能缩放

169

2. 快速解散所有组合

如果幻灯片中的元素经过了多层组合，通常需要全选后多次按【Ctrl+Shift+G】键取消组合，步骤烦琐。而使用小顽简报则可以快速全部取消组合，方便用户修改，如图 9.37 所示。

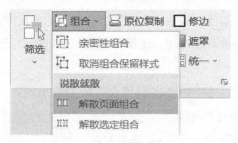

图 9.37 解散页面组合

3. 环形布局与复制

在插件工具栏中单击"分布"→"环形分布"功能按钮，可以快速环绕复制图形，使图形呈现环形分布，如图 9.38 所示。

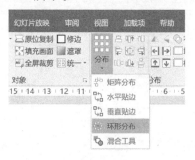

图 9.38 环形分布

4. 文本矢量

本功能可以快速地把文本框中的文字变成矢量形状，方便布尔运算，也可以避免 PPT 在其他电脑上打开时字体丢失的情况发生。另外，它还可以把生成的矢量文字还原成可编辑的文本，如图 9.39 所示。

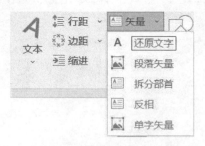

图 9.39 还原文字

"拆合"下拉菜单中有"拆成多行""拆成多段""拆成单字""合并文字"功能，如图 9.40 所示，它可以把多行文字内容进行拆分。图 9.41 所示为将整段文字拆分成多行文字，以便后续的排版与调整。

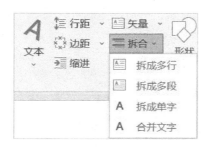

图 9.40　"拆合"下拉菜单

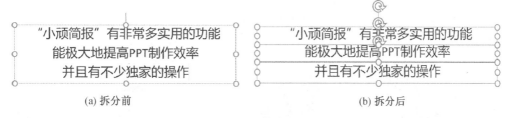

(a) 拆分前　　　　　　　　　　　　　(b) 拆分后

图 9.41　拆成多行效果

图 9.42 所示为将一行（或多行）文字快速拆分为单个文字，方便后续做"渐隐字"等效果。

(a) 拆分前　　　　　　　　　　　　　(b) 拆分后

图 9.42　拆成单字效果

"拆合"功能还可以快速将文字拆分成笔画，如图 9.43 所示。

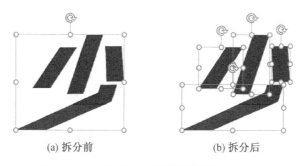

(a) 拆分前　　　　　　　　　　　　(b) 拆分后

图 9.43　拆分笔画效果

5. 拆分部首

"矢量"下拉菜单中有"拆分部首"等功能，利用"拆分部首"功能可以将文字的部首拆分出来，如图 9.44 和图 9.45 所示，再结合颜色填充，可做出醒目的标题，也可以结合书法字体和渐变色填充等做出好看的主题页效果。

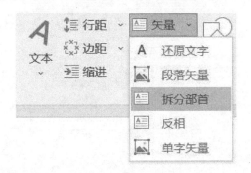

图 9.44　拆分部首

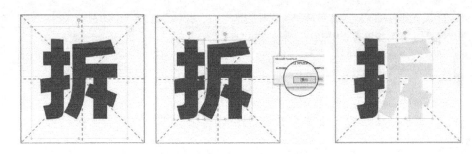

图 9.45　利用"拆分部首"功能做出的文字效果

6. 英文修饰

本功能能给标题文字添加英文，可为 PPT 增添细节修饰。利用小顽简报插件，只需选中目标文字，单击"文本"→"英文修饰"即可生成英文翻译，如图 9.46 和图 9.47 所示。

图 9.46　英文修饰

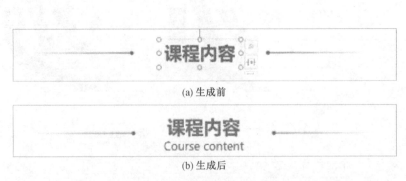

(a) 生成前

(b) 生成后

图 9.47　为标题文字生成英文

7. 页面撑高

修改 PPT 时，滚动鼠标滚轮很容易跳到下一页，影响修改效率。"页面撑高"功能可自动在幻灯片母版中添加两个透明圆形，撑大页面的滚动范围，使 PPT 修改变得更加方便，如图 9.48 和图 9.49 所示。

图 9.48 页面撑高

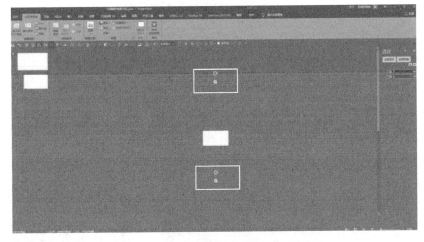

图 9.49 勾选"页面撑高"功能后的效果

8. 智能透视

给幻灯片中的图片或形状加上"三维旋转"，就会让它们更有立体空间感，这也是制作 PPT 时常需要展现的效果。使用小顽简报插件中的"智能透视"功能（见图 9.50）可以免去手动设置"X""Y""Z"轴角度的烦琐程序。

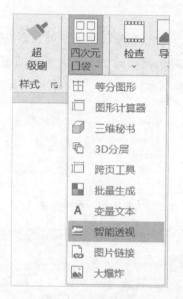

图 9.50　智能透视

　　这里以"给手机样机添加屏幕内容"为例来说明"智能透视"的使用方法。找一张与样机对应的截图，利用"智能透视"功能一键适配即可，如图 9.51 所示。

(a) 样机　　　　　　　　(b) 样机图片　　　　　　　　(c) 适配后

图 9.51　利用"智能透视"功能给手机添加屏幕图片

9. 更改形状

　　通过形状和图片的结合来展示图片或修饰页面，也是很常见的排版行为。

　　常见的改变图片形状的方式有"通过剪贴板将图片填充到形状里""布尔运算""SmartArt"等。而小顽简报插件中有更加便捷的方法，单击"形状"→"更改形状"，再选择需要的形状即可，如图 9.52 和图 9.53 所示。

图 9.52　选择所需形状

图 9.53　更改形状后的效果

10. 筛选功能

当需要在幻灯片中选中需要修改的多个相同类型的元素时，单击其中某一个元素使用"筛选"功能会更快将所有同类型元素选中。图 9.54 所示为选中相同元素进行颜色替换的效果。

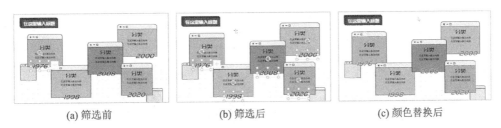

(a) 筛选前　　　　　　　　(b) 筛选后　　　　　　　　(c) 颜色替换后

图 9.54　利用"筛选"功能统一替换字体颜色

11. 导出字体

当需要将字体和 PPT 打包发送给他人时，不用通过网站重新下载字体，直接在小顽简报中勾选字体并导出字体安装包即可，如图 9.55 所示。

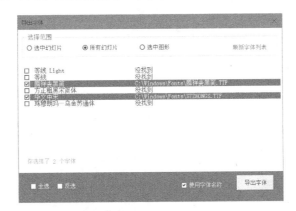

图 9.55　导出字体

12. 超级刷

"超级刷"增强了格式刷的功能，它可以复制、粘贴更多参数，如图 9.56 所示。利用此功能，就不用一个个去调整参数了，在目标对象上刷一下就可以复制想要的效果。

图 9.56　超级刷

13. 粘贴 SVG

此功能可以快速复制阿里巴巴矢量图标库中的图标，无须进行图标下载，如图 9.57 所示。

图 9.57　粘贴 SVG

14. 提取渐变色块

当在 PPT 中看到一个比较好看的色彩渐变效果时，需要打开格式设置逐一查看色值，而使用小顽简报插件中的"提取渐变色块"，就可以快速提取渐变色的色值，自动生成对应色彩填充的色块，如图 9.58 所示。

图 9.58　提取渐变色块

15. 图片补全

此功能可以快速智能拉伸图片，将图片比例调整到与 PPT 舞台比例一致。首先在 PPT 中插入一张图片，选中该图片，单击"图片补全"功能按钮，如图 9.59 所示；然后用鼠标框选好图片中不用被智能拉伸的"保护区域"，可自动补齐页面空白部分，利用它制作 PPT 背景非常方便，图 9.60a 和图 9.60b 分别为图片补全前后的效果。

图 9.59 图片补全

(a) 图片补全前

(b) 图片补全后

图 9.60 图片补全效果

第十单元

iSlide

一、简介

iSlide 是一款基于 PowerPoint 的一键化效率插件，它提供了便捷的排版设计工具，能够帮助用户快速实现字体统一、色彩统一、矩形/环形布局、批量裁剪图片等操作。它还具有非常丰富的资源库，包括案例库、色彩库、图示库、图表库、图标库等，所有资源即插即用，能够解决职场办公人士在 PPT 设计中遇到的素材欠缺、专业度不够、效率不高等痛点，即便用户不懂设计，也能利用 iSlide 高效地创建各类专业 PPT。

二、下载与安装

（1）打开 iSlide 官网地址 https：//www.islide.cc，界面如图 10.1 所示。

图 10.1 iSlide 官网界面

（2）单击页面中的"下载 WINDOWS 版"按钮下载 iSlide 插件，如图 10.2 所示。

图 10.2　下载 iSlide 插件

（3）下载完成后，双击打开安装包并进行安装路径选择，如图 10.3 所示。

图 10.3　选择安装路径

（4）勾选"同意《协议》"，单击"立即安装"按钮开始安装，如图 10.4 所示。

图 10.4　iSlide 安装

（5）安装完成后选择"立即体验"即可打开 iSlide 插件，其页面如图 10.5 所示。

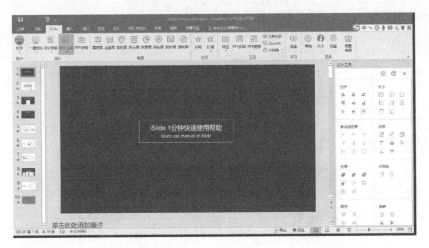

图 10.5　iSlide 页面

三、功能介绍

（一）设计

1. 一键优化

不同的样式和不规则的排版会让 PPT 显得不够专业，而一页页地调整又会让用户做许多重复性的编辑工作。iSlide 提供多种参数化设置，能够快速建立 PPT 文本规范的统一标准。插件提供的多种参考线布局规则只需一键选择即可应用，还可灵活调整并规范页面布局。

（1）统一段落：可以一键修改段落格式。

（2）统一色彩：可以进行统一的色彩修改。

2. 设计排版

只要选取一个图形，iSlide 就可以一键实现环形/矩阵复制，多种参数化设置能满足不同用户个性化的设计需求；也可根据需求将 PPT 中布局混乱的文本框、图形一键化规则排列，告别 PPT 编辑中"手动复制""肉眼对齐"的排版模式。

（1）矩阵剪裁：将一个图形一键变为多个等分图形。

（2）环形布局：将一个图形一键变为多个相同图形的环绕布局。

（3）环形剪裁：将一个圆形一键变为多个圆环。

（4）智能选择：将相同的形状或颜色一键切换为其他的形状或颜色。

（5）取色器：一键进行颜色选取。

（6）增删水印：对选好的图形或文字一键增加或删除 PPT 水印。

（二）资源

1. 案例库

iSlide 案例库不仅提供了设计好的模板，还提供了内容逻辑大纲和框架，甚至包括更有价值、可以复用的内容。这些内容涵盖演示设计应用的各种场景。

2. 色彩库

色彩库提供了近 500 种专业的 PPT 配色方案，用户可像使用界面“皮肤”一样玩转 PPT 主题色彩，还可随时改变风格、整体应用色彩等。即使用户不懂色彩设计，也能快速建立专业的 PPT 色彩主题。

3. 图示库

iSlide 图示库提供了强大的 PPT 资源使用功能，能够协助用户快速建立专业的 PPT 演示文档；全矢量设计，自适 PPT 主题配色和版式规则，编辑更方便；严格依照规范设计，优化尺寸大小，保留二次编辑的自由度；迎合主流普屏/宽屏界面，自适应 4∶3 与 16∶9 的尺寸。iSlide 图示库功能还能帮助非专业设计人员更形象地表达和传递信息。

4. 图表库

图表库中的智能图表能让数据更直观、更灵活地展示给观众。智能图表具备最大限度的可编辑性，用户可以随时改变图表、变更数据（图表、图形会随输入的数值自动调节），人人都能编辑且实现数据的视觉化设计。

5. 图标库

图标库中有 10 万余个图标素材。这些都是非图片格式的矢量图标素材，可以在 PPT 中自由填充色彩、快速检索。所有置入 iSlide 插件的图标均可以任意替换，并保持其位置、大小、比例不变。

（三）工具

1. 导出

导出工具提供了多种对象的一键化导出功能，可以根据需要轻松将 PPT 导出为图片集、只读文档、视频等格式，还可以将文档中所用的字体全部导出，方便各种形式的分享与查看。

2. PPT 拼图

此功能可以在 PPT 中一键生成长图，以便在微博、微信等移动终端浏览、查阅。PPT 拼图功能还可以帮助用户更快速地创建样板图展示效果。

3. PPT 瘦身

此功能可以一键压缩 PPT 文件体积，它除了包含常规瘦身和图片压缩功能，还能够一键删除导致 PPT 文件增大的无用版式，幻灯片以外的内容、备注、批注等，也可以轻松压缩文档中的图片大小，在不影响 PPT 呈现质量的前提下，可大大缩小文件所占的空间。

四、案例制作：平滑移动效果

案例制作前需要准备一些待展示的图片素材，如电影海报、书籍封面等。本案例选用的是一些动漫电影的海报。平滑移动效果制作步骤如下。

（1）将事先准备好的图片全部插入同一页幻灯片中，并为所有图片设置统一大小，如图 10.6 所示。

图 10.6　插入图片并统一大小

（2）利用 iSlide 插件对图片进行排版。选中全部图片，单击"iSlide"→"设计排版"→"矩阵布局"功能，设置横向数量为"7"，调整图片横向和纵向间距，则可得如图 10.7 所示的效果。

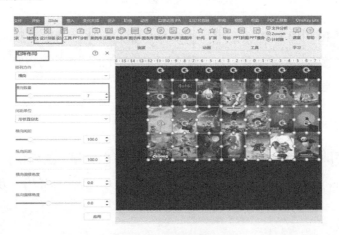

图 10.7　矩阵布局效果

（3）从上述图片中选择一张图片（《大鱼海棠》电影海报）在本页面进行复制、粘贴，将该图片放大至铺满整个幻灯片页面，再右击选择"置于底层"如图 10.8 所示，即可得到图 10.9 所示的效果。

图 10.8　置于底层

图 10.9　设置海报背景效果

（4）选中幻灯片中除《大鱼海棠》以外的所有图片，并添加动画效果"缩放"，设置动画播放时机为"与上一动画同时"，如图 10.10 所示。

图 10.10　设置动画播放时机

（5）为了让图片呈现"错峰"效果，可以给所选图片逐一设置不同的延迟，延迟时间设置为 0.3 秒左右，如图 10.11 所示。

图 10.11　设置延迟时间

（6）先选中《大鱼海棠》背景图，再选中任意一张小海报，在 iSlide 插件中单击"扩展"→"平滑过渡"并设置参数，单击"应用"按钮，如图 10.12 所示。

图 10.12　设置平滑过渡

（7）为幻灯片添加黑色蒙版并调整透明度，再添加相关文案即可得到图 10.13 所示的电影宣传效果。

图 10.13　效果展示